Nefaa Souissi

Etude et conception d'un réacteur de pyro-gazéification étagé

Nefaa Souissi

Etude et conception d'un réacteur de pyro-gazéification étagé

Éditions universitaires européennes

Imprint
Any brand names and product names mentioned in this book are subject to trademark, brand or patent protection and are trademarks or registered trademarks of their respective holders. The use of brand names, product names, common names, trade names, product descriptions etc. even without a particular marking in this work is in no way to be construed to mean that such names may be regarded as unrestricted in respect of trademark and brand protection legislation and could thus be used by anyone.

Cover image: www.ingimage.com

Publisher:
Éditions universitaires européennes
is a trademark of
Dodo Books Indian Ocean Ltd. and OmniScriptum S.R.L Publishing group
Str. Armeneasca 28/1, office 1, Chisinau MD-2012, Republic of Moldova, Europe
Printed at: see last page
ISBN: 978-3-8417-4698-6

Copyright © Nefaa Souissi
Copyright © 2015 Dodo Books Indian Ocean Ltd. and OmniScriptum S.R.L Publishing group

Merci Allah (mon dieu) de m'avoir donné la capacité d'écrire et de réfléchir, la force d'y croire, la patience d'aller jusqu'au bout du rêve et le bonheur de lever mes mains vers le ciel et de dire :
" Ya Kayoum ".

Dédicaces

Je dédie ce travail modeste Spécialement à mes parents auxquels je dois énormément, qui ont cru en moi et qui m'ont donné les moyens d'aller aussi loin, école de mon enfance, qui ont été mon ombre durant toutes les années des études, et qui ont veillé tout au long de ma vie à m'encourager, à me donner l'aide et me protéger.

A toute ma famille qui n'a cessé de me soutenir pendant tout mon parcours. Je leur exprime toute ma gratitude pour leur soutien financier et moral, ce qui m'a permis d'être à ce niveau. Puisse ce diplôme nous réserver à tous des lendemains meilleurs.

Je profite aussi de cette occasion pour témoigner ma gratitude à ma chère fiancée pour sa patience et son soutien qui m'a été précieux afin de mener mon travail à bon port.

Pour finir j'adresse mes remerciements à mes très chers amis qui sont devenus des frères et sœurs pour moi, pour leurs conseils et leurs soutiens sans faille.

Remerciements

J'adresse ma reconnaissance, ma gratitude à mes professeurs encadrant Slim NAOUI et Abdelbacet MHAMDI de m'avoir fait bénéficier de leurs compétences, leurs qualités humaines et leurs disponibilités non seulement pour la réalisation de ce projet, mais aussi durant tout le parcours de ma formation.

J'adresse mes vifs remerciements également à tout le personnel d'ESPRIT, ainsi que le Centre de Recherche et des Technologies de l'Energie CRTEn qui a sans doute été d'une aide considérable durant tout ce parcours universitaire.

J'exprime mes sincères remerciements à l'encontre de mes parents qui m'ont enseigné la patience, la politesse, le sacrifice et qui ont toujours été Présents pour moi.

Que le bon DIEU les bénisse d'avantage.

Je n'oublie pas de dire un grand merci à toutes les personnes, tous les professionnels qui ont contribué de près ou de loin à l'enrichissement de mon travail.

Résumé

Les énergies fossiles sont des matières organiques combustibles dont les réserves sur terre sont limitées, et la baisse annoncée des ressources de ce type d'énergie amène à se tourner vers des formes d'énergie renouvelables ou à sources abondantes. C'est dans ce contexte que nous allons nous intéresser à la conception d'un pilote de pyro-gazéification étagé, destiné au laboratoire du Centre de Recherche et des Technologies de l'Energie pour mener des recherches sur la valorisation énergétique de déchet par la pyrolyse et la gazéification de biomasse, ainsi que la mise au point de la plateforme matérielle et logicielle, responsable de la gestion des cycles déjà énoncés.

Mots clefs : Biomasse, pyrolyse, gazéification, pyro-gazéification, valorisation énergétique, conception, électrique, automatique, dispositif expérimentaux.

Abstract

Fossil fuels are combustible organic materials whose reserves on Earth are limited and the announced declining of this energy's resources leads to turn to renewable forms of energy sources.

Considering this necessity, it drives us to take an interest in the design of a pyro-gasification device, intended for the « Research and Technologies Centre of Energy» laboratory to conduct research on energy recovery of waste by biomass pyrolysis and gasification, and the development of the hardware and software platform (development of its automatic and electric components) responsible for the management of cycles already stated.

Keywords: Biomass, pyrolysis, gasification, pyro-gasification, energy recovery, design, electric, automatic, experimental devices.

Table de matières

Introduction Générale 12
Chapitre I : Mise en situation et état de l'art des procédés existants 15
   Introduction 16
   I) Biomasse et production d'énergie... 16
      1. La biomasse 16
         1.1 Définition.. 16
         1.2 Composition élémentaire de la biomasse 17
      2. Valorisation énergétique de la biomasse 17
         2.1 Contexte... 17
         2.2 La biomasse : source d'énergie 18
         2.3 Les différentes filières de conversion énergétique de la biomasse.............. 19
         2.4 Les vecteurs d'énergie 19
            2.4.1 Les gaz de gazéification 20
            2.4.2 Les solides carbonés (chars) issus des procédés de traitement thermochimique de la biomasse 20
            2.4.3 Le biogaz 20
            2.4.4 Les biocarburants 20
            2.4.5 L'hydrogène.. 21
   II) La pyrolyse et la Gazéification 22
      1.   La pyrolyse : Définitions et généralités.. 22
      2.   La gazéification : Définitions et généralités... 24
      3.   Procédé mixte : Pyro-gazéification (ou thermolyse intégrée)........................... 25
   III) Dispositifs expérimentaux et solides utilisés 27
      1.   Procédés de pyrolyse... 27
         1. 1 Pyrolyse lente 27
            Procédé de pyrolyse Nesa (Flowsheet).. 27

Procédé Thide 28

Procédé WGT 28

1.2 Pyrolyse rapide 29

Procédé PyRos" 29

Procédé BTG 30

Procédé Okadora 30

1.3 Pyrolyse sous vide 31

Procédé PyroVac 31

1.4 Pyrolyse en sel fondu 31

Procédé Thermolysef 31

2. Procédés de gazéification 32

2.1 Gazéifieurs à lit fixe 32

2.1.a Gazéifieur à contre-courant 32

2.1.b Gazéifieur à co-courant 34

2.2 Gazéifieur à lit fluidisé 36

2.2.a Gazéifieur à lit dense 36

2.2.b Gazéifieur à lit fluidisé circulant 38

2.2.c Gazéifieur à lit fluidisé rotatif 39

2.3 Gazéifieur à lit entraîné 40

3. Pyro-Gazéification à deux étages 42

Conclusion 45

Chapitre II : Conception du prototype 47

Introduction 48

I) Analyse fonctionnelle du système 48

1. Analyse des besoins : Diagramme pieuvre 49

2. Caractérisation des fonctions des services 49

3. Analyse fonctionnelle système technique 51

4. Evaluation préliminaire des solutions 52

II) Conception 53

II.1) Conception de la machine... 53
II.2) Caractérisation de différents composants 55
II.3) Dossier technique 60
Conclusion 60
Chapitre III : Automatisation de la plateforme matérielle du système 61
Introduction 62
I) Généralités 62
   1. Objectifs 62
      a - Amélioration des conditions d'exploitation 62
      b - Amélioration des performances de l'installation 62
      c - Accroissement de productivité 62
      d - Aide à la surveillance 63
   2. Instrumentation 63
      2.1 Définitions 63
      2.2 Chaine d'acquisition 63
II) Description du fonctionnement 65
   1. Caractérisation des composants 66
   2. Câblage et paramétrages 69
      Resistance électriques chauffante 69
      Electrovanne 69
      Sondes de température 69
      Moteur électrique 70
Conclusion 71
Conclusion générale 72
Bibliographie / Netographie 73
Annexes 76
   Annexe 1 : Procédé de pyrolyse Nesa (Flowsheet) 77
   Annexe 2 : Procédé Thide 77
   Annexe 3 : Procédé WGT 78
   Annexe 4 : Procédé PyRos" 78
   Annexe 5 : Procédé BTG 78

Annexe 6 : Procédé Okadora 79

Annexe 7 : Procédé PyroVac 79

Annexe 8 : Procédé Thermolysef 79

Annexe 9 : Gazéifieur Lurgi Dry Bottom 80

Annexe 10 : Gazéifieur British-Gas Lurgi (BGL) à lit fixe 80

Annexe 11 : Gazéifieur Babcock & Wilcok Volund systems 80

Annexe 12 : Gazéifieur Nippon Steel (NS) 80

Annexe 13 : Gazéifieur Xylowatt (Belgique) 81

Annexe 14 : Procédé HTW (Winkler) 81

Annexe 15 : Technologie Biosyn (Enerkem Tech.Inc./Biothermica) 81

Annexe 16 : Procédé Carbona 82

Annexe 17 : Gazéifieur Lurgi CFB 82

Annexe 18 : Gazéifieur Foster Wheeler 82

Annexe 19 : Procédé de gazéification TPS Termiska (Studsvik, Suède) 83

Annexe 20 : Gazéifieur Ebara RFB (Japon) 83

Annexe 21 : Gazéifieur Shell à lit entraîné 84

Annexe 22 : Technologie de gazéification Noell 84

Annexe 23 : Technologie Lurgi MPG 84

Annexe 24 : Pyro-Gazéifieur Pit-Pyroflam (Sanifa/Suez). 84

Annexe 25 : Procédé Compact Power 85

Annexe 26 : Procédé Thermoselect 85

Annexe 27 : Procédé Carbo V (Choren) 85

Annexe 28 : Procédé FICFB - Babcock Borsig 86

Annexe 29 : Procédé PKA 86

Annexe 30 : Dossier technique 86

Définitions 88

Liste Des figures

Figure 1 : Les différentes filières de valorisation énergétique de la biomasse (selon L. Van de steene, CIRAD Forêts) 19

Figure 2: Procédé de PYROLYSE 24

Figure 3:Procédé de gazéification (thermoselect) 25

Figure 4: Procédé de Pyro-Gazéfication 26

Figure 5: Procédé de pyro-gazéification ADSE 26

Figure 6: Procédé de pyrolyse Nesa (Flowsheet) 27

Figure 7: Procédé Thide 28

Figure 8: Procédé WGT 28

Figure 9: Procédé PyRos" 29

Figure 10: Procédé BTG 30

Figure 11:Procédé Okadora 30

Figure 12: Procédé PyroVac 31

Figure 13: Procédé Thermolysef 31

Figure 14: Gazéifieur Lurgi Dry Bottom 32

Figure 15: Gazéifieur British-Gas Lurgi (BGL) à lit fixe 33

Figure 16: Gazéifieur Babcock & Wilcok Volund systems 34

Figure 17: Gazéifieur Nippon Steel (NS) 34

Figure 18: Gazéifieur Xylowatt (Belgique) 35

Figure 19: Procédé HTW (Winkler) 36

Figure 20: Technologie Biosyn (Enerkem Tech.Inc./Biothermica) 37

Figure 21: Procédé Carbona 37

Figure 22: Gazéifieur Lurgi CFB 38

Figure 23: Gazéifieur FW atmosphérique CFB 38

Figure 24: Procédé de gazéification TPS Termiska (Studsvik, Suède) 39

Figure 25: Gazéifieur Ebara RFB (Japon) 39

Figure 26: Gazéifieur Shell à lit entraîné 40

Figure 27: Technologie de gazéification Noell 41

Figure 28: Technologie Lurgi MPG 41

Figure 29: Pyro-Gazéifieur Pit-Pyroflam (Sanifa/Suez). 42
Figure 30: Procédé Compact Power 42
Figure 31: Procédé Thermoselect 43
Figure 32: Procédé Carbo V (Choren) 43
Figure 33: Procédé FICFB - Babcock Borsig 44
Figure 34: Procédé PKA 45
Figure 35: Diagramme pieuvre 49
Figure 36: vue en 3D du Système 54
Figure 37: Vue en coupe du Système 55
Figure 38: l'entrée de la biomasse 56
Figure 39: Moteur + Réducteur 56
Figure 40: Electrovanne papillon 57
Figure 41: Tiroir 58
Figure 42: Pyrolyseur 58
Figure 43: Gazogène 59
Figure 44: Chaine d'acquisition (d'après Olivier HUBERT) 63
Figure 45: Branchement du système 65
Figure 46: Schémas de fonctionnement du systéme 66
Figure 47: Spécification des composants 67
Figure 48: Câblage et commande des Resistances 69
Figure 49: Schémas de commande du Moteur 70

Liste Des Tableaux

Tableau 1: Désignation des fonctions de services 49
Tableau 2: Caractérisation des fonctions des services 50
Tableau 3: Nomenclature des composants 68

Introduction Générale

« BIOMASSE » : Cette expression semble apparaître avec la naissance des Energies Nouvelles Renouvelables - ENR. Il s'agit dans un premier temps de ces énergies que la Nature propose à profusion de façon renouvelée sans trop se poser la question des limites quantitatives locales ou de leur dispersion temporelle indépendante des besoins instantanés des consommateurs. Les premières énergies renouvelables citées sont alors le solaire, l'hydraulique, l'éolien, la houle, les courants marins, les marées, les vagues, la géothermie et... la biomasse.

Après les énergies fossiles (carbone organique), fissiles et fertiles (nucléaire) apparaît l'énergie fatale de la biomasse, celle qui de toute façon sera produite et qu'il vaudrait mieux ne pas gaspiller : fraction fermentescible des ordures ménagères, boues de station d'épuration, biogaz des décharges d'ordures ménagères. Composés de matière organiques, ces matériaux seront intégrés ultérieurement, pour partie dans la biomasse, après une multitude de discussions entre experts afin de mieux les situer entre le carbone fossile et les déchets plus ou moins dangereux.

La biomasse est une question complexe, les aspects technologiques de traitement sont probablement les plus aisés à cerner. Le choix des espèces végétales adaptées aux conditions pédoclimatiques locales nécessite plus de délai puisqu' il convient d'expérimenter sur des cycles annuels. La ressource biomasse énergie, au demeurant limitée, nécessite de faire des choix qui restent à traduire au niveau de la réglementation : est-il raisonnable de placer sur un pied d'égalité la chaleur, l'électricité et les biocarburants, alors qu'il existe d'autres ENR pour produire chaleur et électricité ?

Le traitement thermique des déchets industriels ou ménagers, par des procédés d'incinérations conventionnelles, jouit actuellement d'une mauvaise acceptabilité du public.

Les voies alternatives que constituent la pyrolyse et la gazéification, actuellement en cours de développement, sont décrites dans le présent document.

Le développement de technologies intermédiaires, à savoir les procédés de pyro-gazéification intégrés, s'avère être d'application immédiate, offrant une réelle alternative à l'incinération conventionnelle des déchets. Leur étagement, permet une réduction significative (~20%) du facteur d'air global des installations, et ce, par rapport à l'incinération, tout en autorisant une récupération énergétique par des ensembles chaudière/turbine conventionnels, utilisés en cycles combinés.

L'objectif de ce travail est d'établir une revue des différents procédés et technologies concernés. De plus, le stade de développement (pilote ou industriel) est précisé pour chaque procédé. Ainsi que proposer un modèle de réacteur bien étudié nous permettant d'effectuer des expériences et essais, et analyser les résultats obtenus afin d'optimiser la production et la rentabilité.

Le présent mémoire comporte trois chapitres répartis comme suit :

On expose dans le premier chapitre une description des phénomènes étudiés ainsi qu'un état de l'art des procédées existant.

En suite, on va aborder les étapes et le déroulement de la conception du modèle Dans le deuxième chapitre, ainsi qu'une description des différentes parties du prototype.

Finalement on va présenter la préparation de la plateforme matérielle du système, la mise au point et la configuration de la partie automatique et électrique du système.

Chapitre I : Mise en situation et état de l'art des procédés existants

Introduction

Afin de pouvoir bien établir le modèle le plus optimal et mener à bien les expériences, il faut tout d'abord bien comprendre les phénomènes étudiés, et s'inspirer des dispositifs expérimentaux et des réalisations précédentes pour en tirer les idées efficaces et les erreurs à éviter.

I) Biomasse et production d'énergie

La destruction thermique des déchets, avec valorisation de leur contenu énergétique, peut être réalisée de trois façons distinctes.

Chaque type de déchet est caractérisé par son analyse élémentaire et/ou son analyse immédiate, donnant son taux de carbone fixe, de matières volatiles, d'humidité, d'inertes et donc son pouvoir calorifique (kJ/kg).

Si on chauffe un déchet, l'eau incluse est tout d'abord vaporisée à 100°C (séchage) puis, les matières volatiles « distillent » dès 200-300°C, en phase gaz. Ces matières volatiles sont essentiellement des hydrocarbures gazeux.

1. La biomasse

1.1 Définition

Le terme "biomasse" désigne au sens large l'ensemble de la matière vivante. Depuis le premier choc pétrolier, ce concept s'applique aux produits organiques végétaux et animaux utilisés à des fins énergétiques ou agronomiques.

D'après l'échelle établie par Hoogwijk et al. La production de biomasse peut être divisée en huit catégories [Thermya06] :

- biomasse produite par le surplus des terres agricoles, non utilisées pour l'alimentation humaine ou animale : cultures dédiées, appelées cultures énergétiques ;
- biomasse produite par le déboisement (entretien de forêt) ou le nettoyage de terres agricoles ;
- résidus agricoles issus des cultures de céréales, vignes, vergers, oliviers, fruits et légumes, résidus de l'agroalimentaire,… ;
- résidus forestiers issus de la sylviculture et de la transformation du bois ;
- résidus agricoles issus de l'élevage (fumier, lisier, litières, fientes,…) ;
- déchets organiques des ménages (papiers, cartons, déchets verts,…) ;
- biomasse directement utilisée à des fins non alimentaires et non énergétiques (bois pour le papier) ;

- déchets organiques des déchets industriels banals (papiers, cartons, bois, déchets putrescibles,...).

Certains distinguent la « biomasse sèche » constituée des divers déchets de bois et résidus agricoles (déchets ligneux) également appelée « bois-énergie », et la « biomasse humide » constituée des déchets d'origine agricole (fumiers, lisiers...), agroalimentaire ou urbaine (déchets verts, boues d'épuration, fraction fermentescible des ordures ménagères...) et pouvant être transformée en énergie ou en engrais/amendement.

1.2 Composition élémentaire de la biomasse

La biomasse est un composé organique essentiellement constitué de carbone (C), hydrogène (H), oxygène (O), azote (N) et matières minérales (MM). Les proportions de carbone, hydrogène et oxygène varient d'un type de biomasse à l'autre mais restent relativement semblables : environ 50 % de C, 40 % de O et 6 % de H. Les biomasses contiennent très peu de N (de 0,4 à 1,2 % environ).

Le pourcentage de matière minérale dans les biomasses peut varier dans de grandes proportions. Généralement, les bois (regroupés en familles de résineux et feuillus) contiennent peu de matière minérale. La littérature indique également que la nature de cette matière minérale varie beaucoup d'une biomasse à une autre. La matière minérale se trouve généralement sous forme de sels ou d'espèces inorganiques liées à des espèces organiques.

Les principaux éléments présents dans la matière minérale des biomasses sont généralement à base de calcium (Ca), de silicium (Si) et de potassium (K) [Thy06, Miller02, Obernberger96, Llorente06, Richaud04].

2. Valorisation énergétique de la biomasse

2.1 Contexte

La pénurie du pétrole ainsi que la pollution sans cesse croissante obligent les pays à diversifier leur moyen de production d'énergie et en particulier à penser aux énergies renouvelables. L'une des menaces les plus préoccupantes à l'heure actuelle est le changement climatique causé par les émissions croissantes de gaz à effet de serre. En extrapolant la tendance actuelle, les émissions mondiales de CO_2, qui représentent 75 % des émissions de gaz à effet de serre, augmenteront de 55 % d'ici 2030. Si une politique énergétique vigoureuse n'est pas mise en place, le niveau des émissions en 2050 sera le double du niveau de 1990. Le réchauffement associé pourrait alors être de 1,1 à 6,4°C. Il est admis par les scientifiques spécialistes dans le domaine que le réchauffement des vingt prochaines années est déjà inéluctable ; les décisions environnementales et énergétiques prises aujourd'hui sont donc cruciales pour la deuxième moitié du XXIè siècle [enr07].

La Commission européenne a proposé en janvier 2007 une « politique énergétique pour l'Europe » qui comporte à l'horizon 2020 trois axes majeurs [enr07] :

- la réduction volontaire des émissions de CO_2 de 20 % pour les pays de l'Union Européenne,

- l'amélioration de l'efficacité énergétique de 20 %,

- l'acceptation d'un objectif de 20 % d'énergie renouvelable dans la consommation globale.

La production d'énergie primaire de source renouvelable se situant en France dans la moyenne européenne aux environs de 7 % des besoins globaux d'énergie, l'adoption de l'objectif moyen européen (20 %) à l'horizon 2020 signifie un triplement, tous secteurs confondus, de la production actuelle. S'il n'est pas donné, dans les années à venir, un rôle plus prépondérant aux énergies renouvelables, l'objectif de la réduction des gaz à effet de serre de 20 % n'aura pas la moindre chance d'être atteint. Cela suppose donc des efforts considérables de la part de l'ensemble des secteurs énergétiques. L'objectif est ambitieux mais réalisable, grâce, notamment, à une importante augmentation de la part des énergies éolienne et solaire et à une plus grande utilisation de la biomasse. Cette dernière Jouera certainement un rôle non négligeable dans l'énergie du futur.

2.2 La biomasse : source d'énergie

La biomasse assure actuellement environ 12 % des besoins en énergie primaire de la planète et 4 % de ceux de l'Union Européenne. Selon les hypothèses et scénarios pris en compte, elle pourrait assurer de 15 à 35 % des besoins énergétiques mondiaux à l'horizon 2030 – 2050. L'avantage de l'utilisation de la biomasse comme source d'énergie est qu'elle participe au cycle naturel du carbone. La quantité de dioxyde de carbone libérée lors du traitement thermique de la biomasse correspond sensiblement à celle absorbée par la biomasse par photosynthèse lors de la croissance [Total06].

Cependant, l'idée d'utiliser la biomasse à des fins énergétiques ne peut se concrétiser que si les besoins, les ressources et les moyens technologiques sont bien identifiés. L'habitat et l'industrie ont besoin d'énergies telles que la chaleur et l'électricité. Concernant le domaine des transports, l'énergie doit être embarquée et, de ce point de vue, les biocarburants et l'hydrogène produits à partir de biomasse présentent un intérêt majeur [Johnston05, Solomon06].

2.3 Les différentes filières de conversion énergétique de la biomasse

Les filières de conversion énergétique de la biomasse reposent essentiellement sur deux familles de procédés de conversion : la voie biochimique et la voie thermochimique.

La voie biochimique a recours à une action microbienne et enzymatique pour dégrader la biomasse. La digestion anaérobie ou encore méthanisation est la transformation de la biomasse en biogaz (méthane et dioxyde de carbone) par une communauté microbienne naturelle complexe présente dans les matières organiques. La méthanisation produit 4 à 5 fois plus d'énergie qu'elle n'en consomme. La fermentation alcoolique des hydrates de carbone par des levures contenues dans la biomasse produit du bio-alcool (utilisé pur ou en mélange dans les essences) et du dioxyde de carbone [Thermya06].

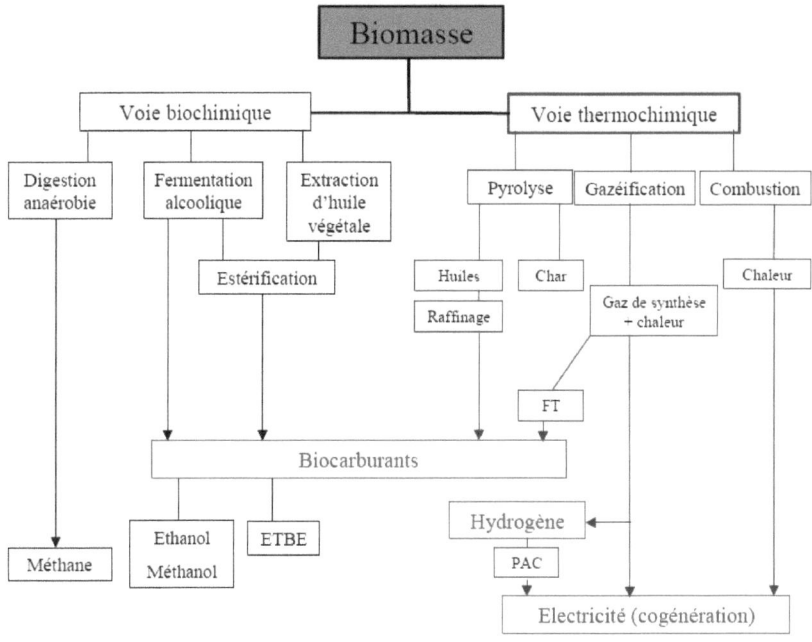

Figure 1 : Les différentes filières de valorisation énergétique de la biomasse (selon L. Van de steene, CIRAD Forêts)

2.4 Les vecteurs d'énergie

Selon la voie de valorisation énergétique de la biomasse envisagée, plusieurs vecteurs d'énergie peuvent être considérés. Ils sont présentés dans ce paragraphe.

2.4.1 Les gaz de gazéification

Les gaz de gazéification peuvent être valorisés en cogénération, pour la production d'électricité et de chaleur ou bien être brûlés pour entretenir des réactions endothermiques comme la pyrolyse.

Le gaz de synthèse ($CO + H_2$) est particulièrement attractif pour la formation d'hydrocarbures par transformation Fischer Tropsch ou pour l'obtention d'hydrogène pur.

2.4.2 Les solides carbonés (chars) issus des procédés de traitement thermochimique de la biomasse

Le char (ou charbon) produit lors du traitement thermique de la biomasse peut être utilisé en substitution dans les chaudières ou pour la production de carbone activé ou de nanotubes de carbone. Il peut également être gazéifié pour obtenir un gaz de synthèse riche en hydrogène. Dans notre étude, nous ne nous intéresserons pas à la valorisation énergétique du char.

2.4.3 Le biogaz

Issu essentiellement de matières organiques, le biogaz est produit à partir de méthanisation. Il peut être utilisé soit en état, soit après épuration. Ce gaz peut être valorisé sous forme de chaleur ou d'électricité. D'autres utilisations de biogaz sont en développement, comme l'injection dans le réseau de gaz naturel existant (après une mise aux normes) et la production d'un carburant pour véhicules [Thermya06].

2.4.4 Les biocarburants

Ce terme désigne les carburants d'origine agricole. Il s'agit d'un combustible liquide issu de la transformation de matières végétales ou animales non fossiles. Les biocarburants sont connus depuis le début de l'ère automobile et il en existe plusieurs types :

- ceux obtenus à partir d'oléagineux (colza, tournesol) tels que l'huile pure (produit directement par pressurage de la graine) et l'ester méthylique d'huile végétale (EMHV) obtenu après réaction d'estérification de l'huile avec de l'alcool méthylique qui est utilisé comme additif ou Co-carburant au diesel pour former du biodiesel [Thermya06]

- ceux obtenus à partir de la fermentation de sucre en alcool. L'alcool peut aussi réagir en raffinerie avec de l'isobutène pour former des éthers qui sont mélangés aux essences.

Ces produits améliorent la combustion et réduisent l'émission de certains gaz à effet de serre. Ils ne contiennent pas de soufre, ce qui permet une évolution technique des systèmes d'injection dans les moteurs tout en réduisant les émissions de SO_x. Les dérivés d'huile végétale contribuent à une meilleure lubrification [Thermya06].

De façon plus générale, le terme « biocarburants » englobe également les carburants liquides obtenus après pyrolyse de la biomasse, également appelés « bio-huiles ». Du fait de leurs teneurs en eau et en oxygène élevées, leur pouvoir calorifique est réduit à moins de la moitié de celui du pétrole. Toutefois, les bio-huiles brûlent sans difficulté dans les chaudières, les fours, les turbines et les moteurs diesels.

2.4.5 L'hydrogène

La molécule d'hydrogène est composée de deux atomes d'hydrogène (H_2). Incolore, inodore, non corrosive, cette molécule est très énergétique : 1 kg d'hydrogène libère environ 3fois plus d'énergie qu'1 kg d'essence (120 MJ/kg contre 45 MJ/kg d'essence).

L'hydrogène est extrêmement abondant sur notre planète. Il est présent dans les molécules d'eau. Or, l'eau couvre 70 % du globe terrestre. On le trouve également dans les hydrocarbures et dans tout organisme vivant, animal ou végétal. C'est pourquoi la biomasse est une source potentielle d'hydrogène. Cependant, isoler H_2 est une opération difficile et coûteuse en énergie.

Le choix des méthodes de production d'hydrogène change selon la disponibilité de la matière de base ou de la ressource, la quantité d'hydrogène exigée et la pureté souhaitée de l'hydrogène. Les chercheurs et les industriels développent un éventail de processus pour produire l'hydrogène de manière économiquement et écologiquement satisfaisante. Ces processus peuvent être séparés en quatre groupes de technologies [enpc04] :

- les technologies thermochimiques comme le vaporeformage du gaz naturel, l'oxydation partielle, le reformage autotherme, la gazéification du charbon, la pyrolyse et la gazéification de la biomasse ;

- les technologies nucléaires ;

- les technologies électrolytiques : grâce à du courant, l'eau est dissociée en hydrogène et en oxygène ;

- les technologies photo lytiques comme le procédé photo biologique (certains microbes photosynthétiques produisent, au cours d'activités métaboliques, de l'hydrogène à partir d'énergie solaire) et la photo-électrolyse. Lors de la photo-électrolyse, la lumière solaire agit sur une cellule photo-électrochimique, qui, immergée dans l'eau, produit des bulles d'hydrogène et d'oxygène.

Comme l'hydrogène est le plus léger des éléments, il occupe, à poids égal, beaucoup plus de volume qu'un autre gaz. Ceci pose certains problèmes de stockage. Il présente également un risque d'inflammabilité et d'explosivité. Cependant, comme il diffuse très vite dans l'air, sa concentration diminue et passe alors très vite sous la limite d'inflammabilité.

Pour assurer une utilisation de l'hydrogène en toute sécurité, il faut éviter tout risque de fuite et toute situation confinée.

A la fin du XIXème siècle, l'hydrogène était employé en tant que combustible dans les lampes. On le trouvait également dans le « gaz de ville » où il était mélangé à de l'oxyde de carbone. Au cours du XXème siècle, avec l'apparition du gaz naturel et du pétrole, beaucoup moins dangereux à manipuler, l'hydrogène n'a plus été utilisé pour fournir de l'énergie, sauf pour la propulsion des fusées.

Aujourd'hui, un regain d'intérêt est porté à l'hydrogène car il peut, entre autres, permettre la production de chaleur et d'électricité, grâce à la pile à combustible qui transforme directement l'énergie chimique en énergie électrique.

II) La pyrolyse et la Gazéification

Il existe plusieurs types de technologies en pyrolyse et en gazéification. On distingue les procédés associés à des vitesses de chauffage lentes des procédés associés à des vitesses de chauffage rapides.

Les procédés de pyrolyse rapide à basse température sont d'un grand intérêt pour la production d'huiles. Les procédés de gazéification à haute température, associés à des vitesses de chauffage élevées, sont très intéressants pour la production de gaz, valorisables, entre autres, dans un moteur ou une turbine.

1. La pyrolyse : Définitions et généralités

Si on chauffe le même déchet en l'absence d'oxygène, seule la première étape du processus décrit précédemment aura lieu et on aura affaire à une simple décomposition thermique du déchet, en l'absence de processus réactionnels, soit d'oxydation, soit de gazéification.

On parle alors de pyrolyse du déchet dont les produits sont un mélange de gaz légers incondensables, d'hydrocarbures lourds (tar) et de coke (carbone fixe et d'inertes résiduels), leur proportion relative dépendant des conditions de traitement. Si ce déchet est chauffé lentement et/ou à basse température, la production de coke sera favorisée. A l'inverse, si on chauffe rapidement et/ou à haute température la production de gaz sera favorisée.

Cela tient au fait qu'un chauffage rapide, à haute température, diminue la probabilité de réactions secondaires de recombinaison des hydrocarbures légers en hydrocarbures plus lourds.

Ainsi, en pyrolyse lente (dizaine de minutes) à basse température (400-500°C), le produit de la réaction de décomposition sera majoritairement solide (coke) et on pourra rebrûler les gaz de pyrolyse (goudrons et gaz) pour fournir l'énergie calorifique nécessaire à la décomposition du déchet.

Le coke produit peut être considéré comme un combustible secondaire cendreux si celui-ci n'est pas trop chargé en éléments polluants. En effet, les polluants du déchet restent majoritairement dans le coke du fait des basses températures de traitement. Le coke produit permet, dans ce cas, après les opérations de lavage/décendrage, une gestion globale de la destruction thermique d'un déchet avec stockage/transport intermédiaire du coke avant sa combustion ultérieure. Le coke produit peut également être gazéifié dans un dispositif séparé, après épuration. En fonction de la nature et de la quantité de polluants dans les déchets traités, le coke peut s'avérer très difficile à épurer, et de ce fait, difficile à valoriser en tant que combustible secondaire.

Au contraire, en pyrolyse rapide (quelques secondes) à haute température (600-900°C) le produit majoritaire formé est un gaz combustible. Le coke produit pourra alors être brûlé pour fournir l'apport endothermique nécessaire à la pyrolyse. On parle alors de pyro-gazéification.

Dans les deux cas le mélange gazeux produit peut être craqué thermiquement pour produire un gaz exempt de fraction condensable (goudrons) directement utilisable, après épuration, en moteur à gaz et/ou en turbine à gaz.

Que ce soit en incinération, en gazéification ou en pyro-gazéification la valorisation complète du contenu énergétique d'un déchet libère la même qualité de CO_2 à l'atmosphère, via soit une combustion directe (incinération), une combustion séparée des gaz et du coke (pyrolyse), soit une combustion interne en moteur ou turbine du gaz produit (gazéification).

C'en quoi la gazéification apparaît comme une réelle alternative à l'incinération est que le rendement de conversion d'un ensemble gazéification/turbine à gaz est toujours bien meilleur que celui d'un ensemble incinération/chaudière/turbine à vapeur. Ceci permet à terme de diminuer le rapport CO_2/kWh produit, contribuant ainsi à installer les nouvelles filières de destruction thermique des déchets dans le cadre d'un développement durable.

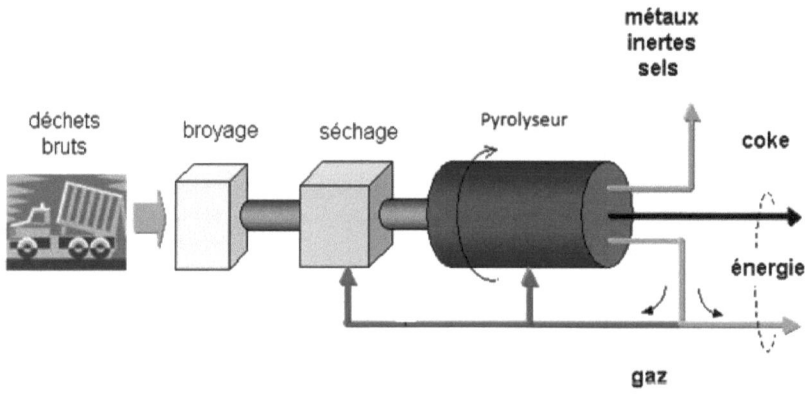

Figure 2: Procédé de PYROLYSE

2. La gazéification : Définitions et généralités

Si on chauffe le déchet, lorsque l'atmosphère de traitement est en défaut d'air et enrichie en vapeur d'eau et dioxyde de carbone (agents réactionnels), les matières volatiles émises ne subiront pas de processus de combustion. Le carbone fixe se mettra à réagir avec la vapeur d'eau et le CO_2, à des températures de 850-900°C, dans des réactions endothermiques de type :

$C + H_2O \rightarrow CO + H_2$

$C + CO \rightarrow 2CO$

$C + H_2 \rightarrow CH_4$

Les deux premières réactions sont favorisées à haute température (850-900°C) et basse pression (~ 1 bar), tandis que la dernière est favorisée à basse température (700°C) et haute pression (10-20 bars).

Ces réactions sont endothermiques, l'apport d'énergie nécessaire est en général réalisé en brûlant une faible partie de la charge, soit à l'air, soit à l'oxygène, conduisant ainsi, en fonction du ballast azote introduit, à la génération de gaz pauvres (< 8MJ/Nm_3) ou semiriches (8-18MJ/ Nm_3), à comparer au gaz naturel (35 MJ/Nm_3).

Le mélange gazeux produit peut être récupéré, éventuellement craqué thermiquement pour en supprimer les hydrocarbures lourds (goudrons), puis épuré et refroidi (chaudière de récupération) pour alimenter un moteur à gaz ou une turbine à gaz, sous réserve que les caractéristiques du gaz après épuration soit suffisante.

A haute pression, et avec un enrichissement à l'hydrogène, on produira essentiellement du CH_4, gaz riche, utilisable en synthèse chimique (hydrogazéification).

Dans cette opération, le carbone fixe a été entièrement épuisé et le résidu solide produit est inerte.

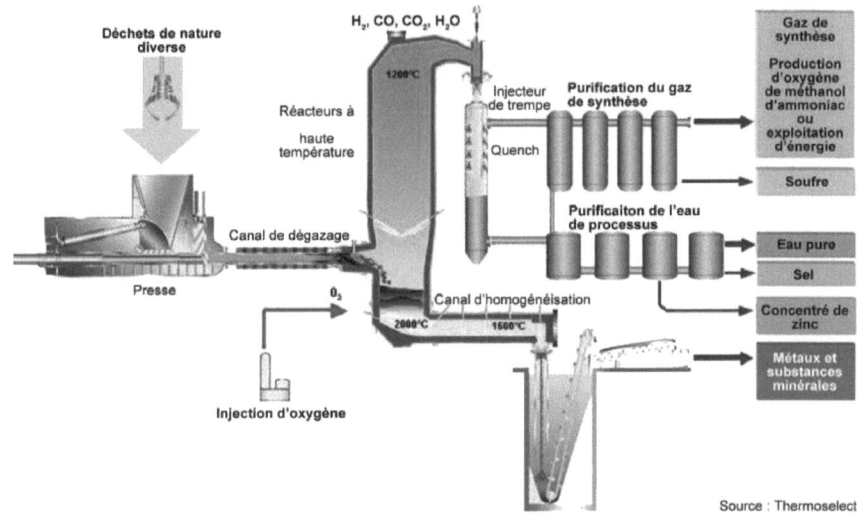

Figure 3:Procédé de gazéification (thermoselect)

3. Procédé mixte : Pyro-gazéification (ou thermolyse intégrée)

Pyrolyse orientée vers une production accrue de gaz et une production moindre de coke (haute température, basse pression) où le coke est utilisé en combustible secondaire directement injecté en interne pour fournir l'apport énergétique nécessaire à la pyrolyse (réaction endothermique). On parle de procédé intégré lorsque des procédés de combustion ou de gazéification du résidu solide sont ajoutés après la thermolyse, qui ne constitue plus qu'un traitement partiel du déchet Note : La pyro-gazéification est une combinaison du procédé de pyrolyse et de gazéification qui permet de résoudre différents problèmes d'ordre technique propres à chacune des deux technologies.

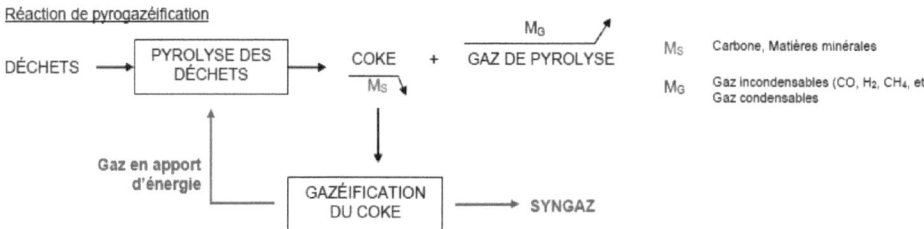

Figure 4: Procédé de Pyro-Gazéfication

Il existe en réalité deux possibilités pour améliorer le rendement global de la pyrolyse des déchets. Le craquage des gaz de pyrolyse (ce que nous ne présentons pas ici) et la gazéification du coke. Nous pouvons voir dans la rubrique Pyrolyse qu'il y a deux voies possibles pour cette technologie, la voie courte à haute température et la voie longue à basse température. La pyro-gazéification est plus utilisée avec une pyrolyse à voie rapide pour des raisons de rendement et d'efficacité, car le gaz est plus facilement valorisable que le coke (la pyrolyse rapide produit du gaz en plus grande quantité).

La pyro-gazéification est en résumé une technique permettant de produire près de 80% de gaz valorisables en masse.

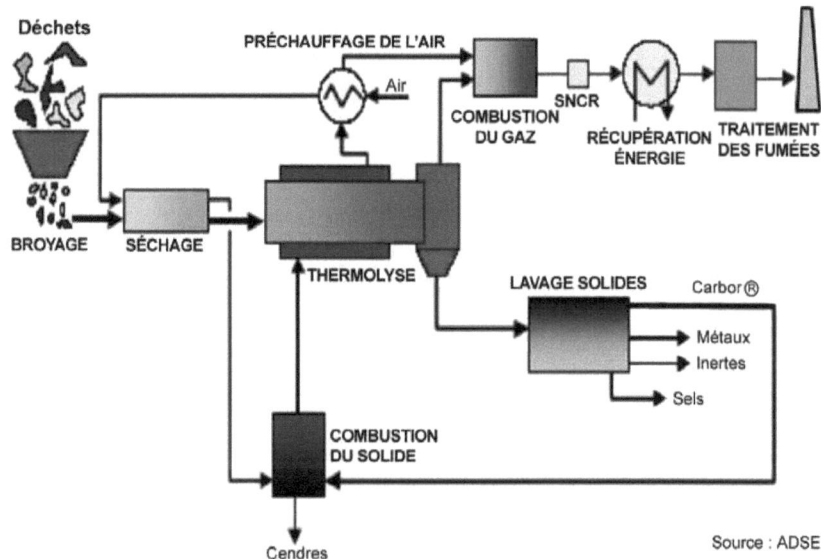

Figure 5: Procédé de pyro-gazéification ADSE

Dans ce travail, nous nous intéressons aux procédés de pyrolyse et de gazéification associés à des vitesses de chauffage élevées. Nous présentons également des procédés de pyro-gazéification à deux étages.

III) Dispositifs expérimentaux et solides utilisés

1. Procédés de pyrolyse

On peu distinguer 3types de pyrolyse, dont la classification est faite selon la vitesse de réchauffement de la biomasse ainsi que le temps de séjour de la matière a l intérieure du pyrolyseur :

1.1 Pyrolyse lente

Procédé de pyrolyse Nesa (Flowsheet)

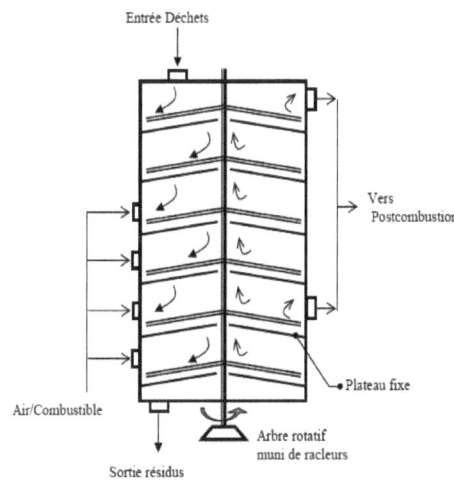

Figure 6: Procédé de pyrolyse Nesa (Flowsheet)

Les caractéristiques ainsi que le mode de fonctionnement du procédé sont décrites dans l'Annexe 1 : Procédé de pyrolyse Nesa (Flowsheet).

Procédé Thide

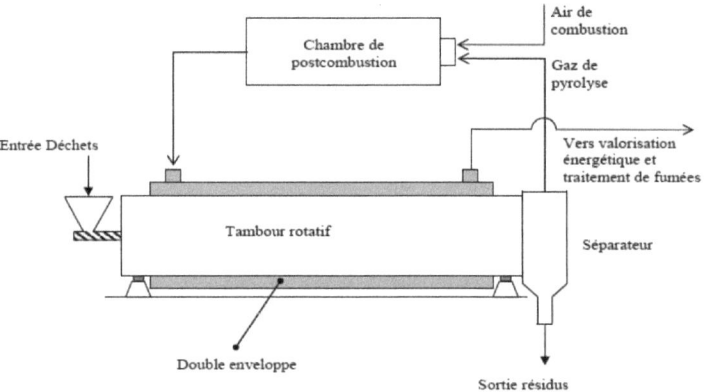

Figure 7: Procédé Thide

Les caractéristiques ainsi que le mode de fonctionnement du procédé sont décrites dans l'Annexe 2 : Procédé Thide.

Procédé WGT

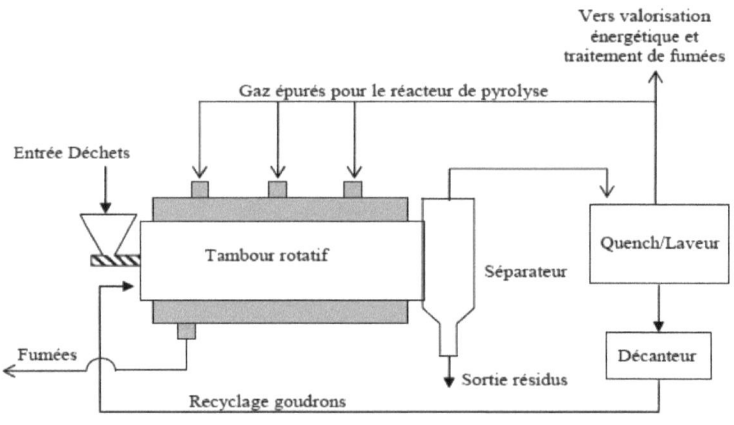

Figure 8: Procédé WGT

Les caractéristiques ainsi que le mode de fonctionnement du procédé sont décrites dans l'Annexe 3 : Procédé WGT

1.2 Pyrolyse rapide

Procédé PyRos"

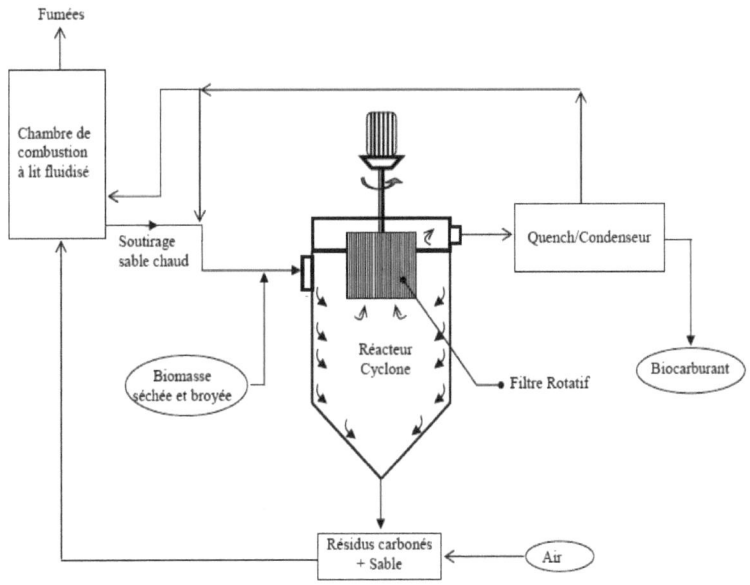

Figure 9: Procédé PyRos"

Les caractéristiques ainsi que le mode de fonctionnement du procédé sont décrites dans l'Annexe 4 : Procédé PyRos".

Procédé BTG

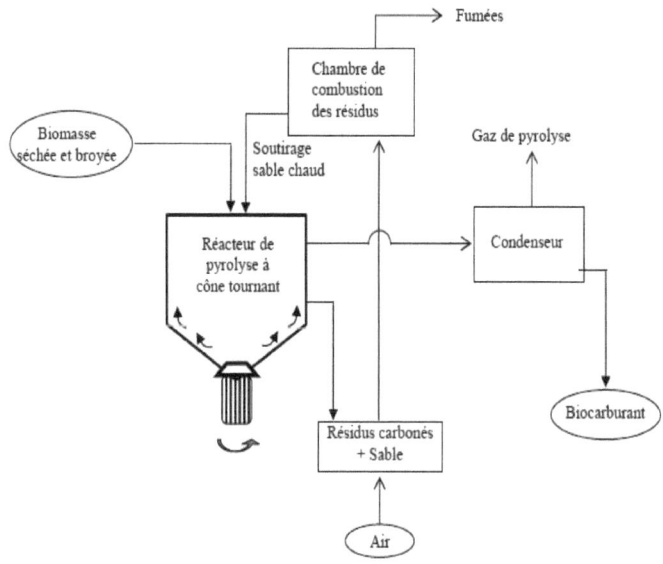

Figure 10: Procédé BTG

Les caractéristiques ainsi que le mode de fonctionnement du procédé sont décrites dans l'Annexe 5 : Procédé BTG.

Procédé Okadora

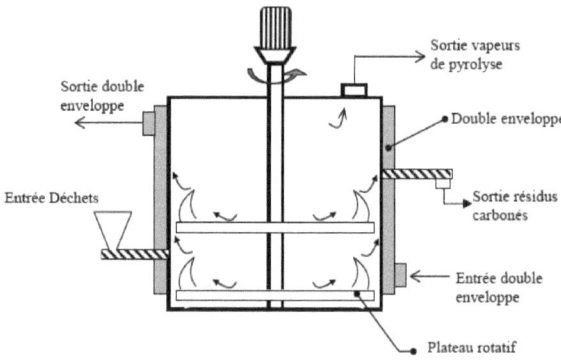

Figure 11: Procédé Okadora

Les caractéristiques ainsi que le mode de fonctionnement du procédé sont décrites dans l'Annexe 6 : Procédé Okadora

1.3 Pyrolyse sous vide

Procédé PyroVac

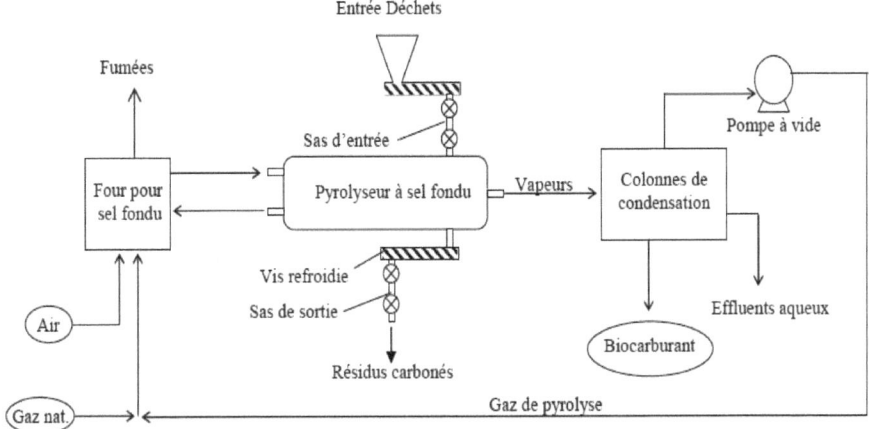

Figure 12: Procédé PyroVac

Les caractéristiques ainsi que le mode de fonctionnement du procédé sont décrites dans l'Annexe 7 : Procédé PyroVac.

1.4 Pyrolyse en sel fondu

Procédé Thermolysef

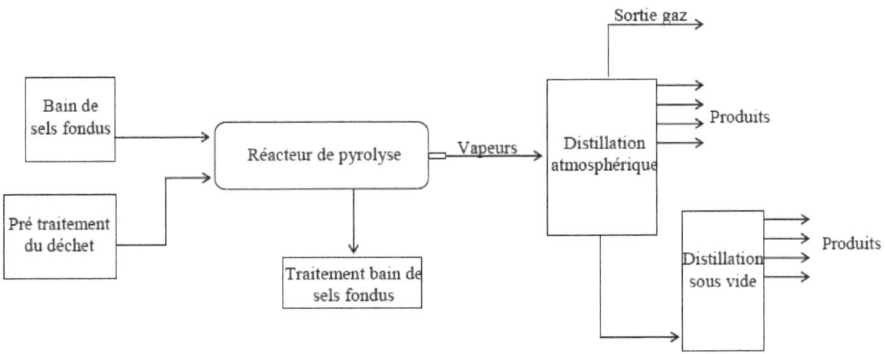

Figure 13: Procédé Thermolysef

Les caractéristiques ainsi que le mode de fonctionnement du procédé sont décrites dans l'Annexe 8 : Procédé Thermolysef.

2. Procédés de gazéification

La gazéification procède principalement par l'intermédiaire d'un processus en deux étapes, pyrolyse suivie de la gazéification. La pyrolyse est la décomposition d'un combustible par la chaleur. Cette étape, également connue sous le nom de dévolatilisation/carbonisation, est endothermique et produit des matières volatiles sous forme d'hydrocarbures gazeux et de liquides.

Les procédés commercialement développés reposent principalement sur quatre voies de gazéification :

- La gazéification à lit fixe avec extraction de cendres sèches ou fondues,
- La gazéification à lit fluidisé (lit dense, lit fluidisé circulant atmosphérique (CFB), ou pressurisé, lit rotatif)
- La gazéification à lit entraîné.
- La pyro-gazéification à deux étages

2.1 Gazéifieurs à lit fixe

2.1.a Gazéifieur à contre-courant

Gazéifieur Lurgi Dry Bottom

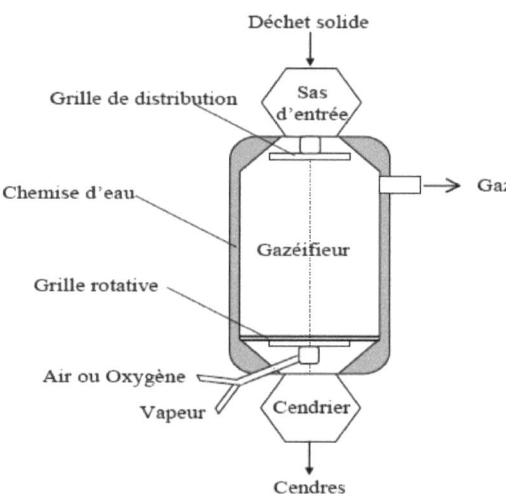

Figure 14: Gazéifieur Lurgi Dry Bottom

Les caractéristiques ainsi que le mode de fonctionnement du procédé sont décrites dans l'Annexe 9 : Gazéifieur Lurgi Dry Bottom

Gazéifieur British-Gas Lurgi (BGL) à lit fixe

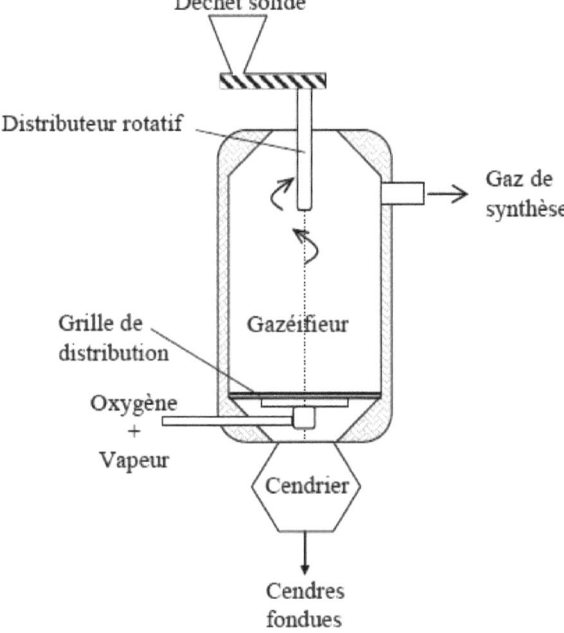

Figure 15: Gazéifieur British-Gas Lurgi (BGL) à lit fixe

Les caractéristiques ainsi que le mode de fonctionnement du procédé sont décrites dans l'Annexe 10 : Gazéifieur British-Gas Lurgi (BGL) à lit fixe

Gazéifieur Babcock & Wilcok Volund systems

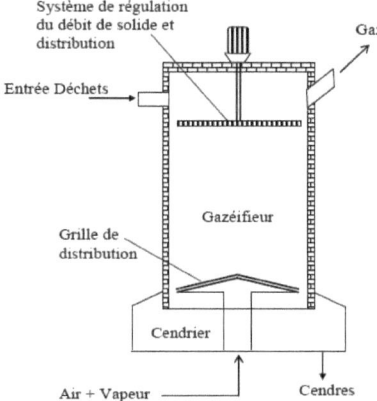

Figure 16: Gazéifieur Babcock & Wilcok Volund systems

Les caractéristiques ainsi que le mode de fonctionnement du procédé sont décrites dans l'Annexe 11 : Gazéifieur Babcock & Wilcok Volund systems.

2.1.b Gazéifieur à co-courant

Gazéifieur Nippon Steel (NS)

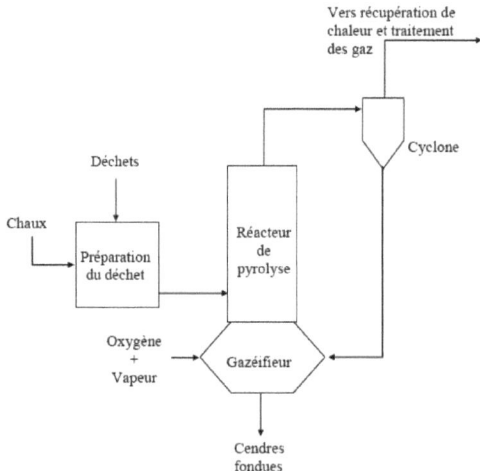

Figure 17: Gazéifieur Nippon Steel (NS)

Les caractéristiques ainsi que le mode de fonctionnement du procédé sont décrites dans l'Annexe 12 : Gazéifieur Nippon Steel (NS)

Gazéifieur Xylowatt (Belgique)

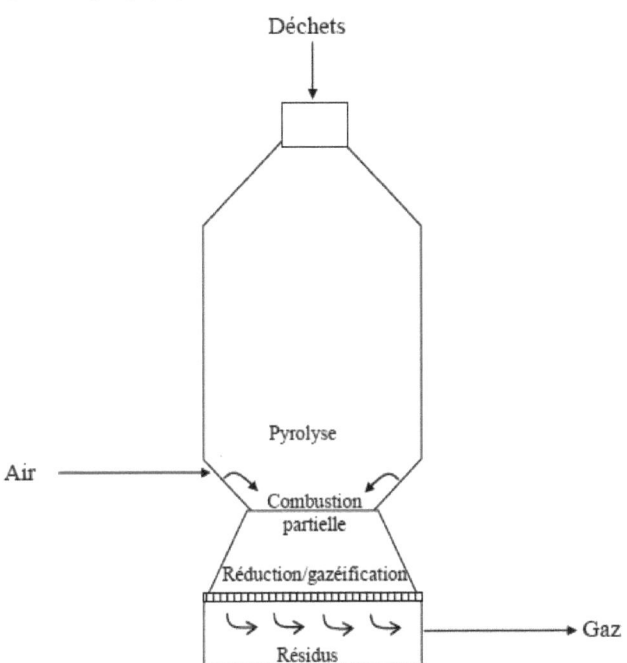

Figure 18: Gazéifieur Xylowatt (Belgique)

Les caractéristiques ainsi que le mode de fonctionnement du procédé sont décrites dans l'Annexe 13 : Gazéifieur Xylowatt (Belgique).

2.2 Gazéifieur à lit fluidisé

2.2.a Gazéifieur à lit dense

Procédé HTW (Winkler)

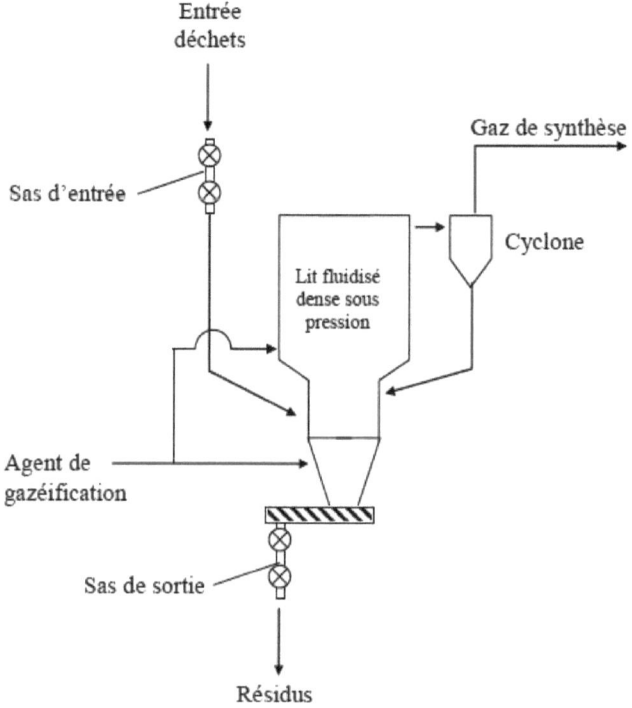

Figure 19: Procédé HTW (Winkler)

Les caractéristiques ainsi que le mode de fonctionnement du procédé sont décrites dans l'Annexe 14 : Procédé HTW (Winkler)

Technologie Biosyn (Enerkem Tech.Inc./Biothermica)

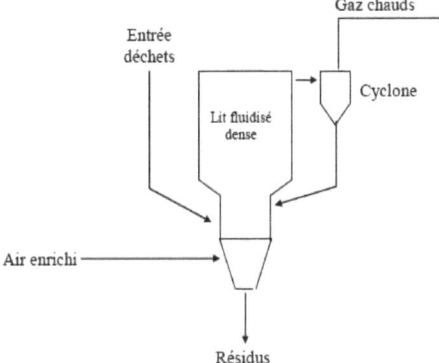

Figure 20: Technologie Biosyn (Enerkem Tech.Inc./Biothermica)

Les caractéristiques ainsi que le mode de fonctionnement du procédé sont décrites dans l'Annexe 15 : Technologie Biosyn (Enerkem Tech.Inc./Biothermica).

Procédé Carbona

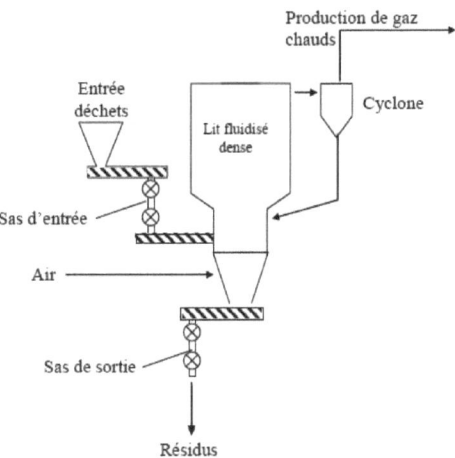

Figure 21: Procédé Carbona

Les caractéristiques ainsi que le mode de fonctionnement du procédé sont décrites dans l'Annexe 16 : Procédé Carbona.

2.2.b Gazéfieur à lit fluidisé circulant

Gazéifieur Lurgi CFB

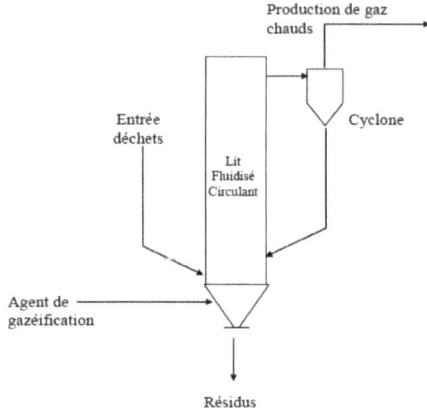

Figure 22: Gazéifieur Lurgi CFB

Les caractéristiques ainsi que le mode de fonctionnement du procédé sont décrites dans l'Annexe 17 : Gazéifieur Lurgi CFB.

Gazéifieur Foster Wheeler

a. Gazéifieur FW atmosphérique CFB

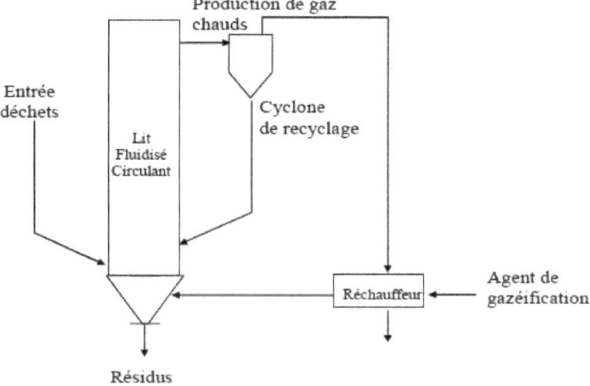

Figure 23: Gazéifieur FW atmosphérique CFB

Les caractéristiques ainsi que le mode de fonctionnement du procédé sont décrites dans l'Annexe 18 : Gazéifieur Foster Wheeler.

Procédé de gazéification TPS Termiska (Studsvik, Suède)

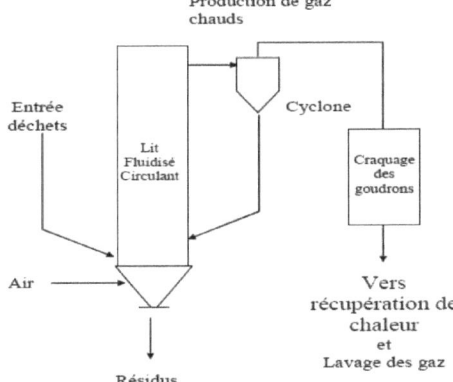

Figure 24: Procédé de gazéification TPS Termiska (Studsvik, Suède)

Les caractéristiques ainsi que le mode de fonctionnement du procédé sont décrites dans l'Annexe 19 : Procédé de gazéification TPS Termiska (Studsvik, Suède)

2.2.c Gazéifieur à lit fluidisé rotatif

Gazéifieur Ebara RFB (Japon)

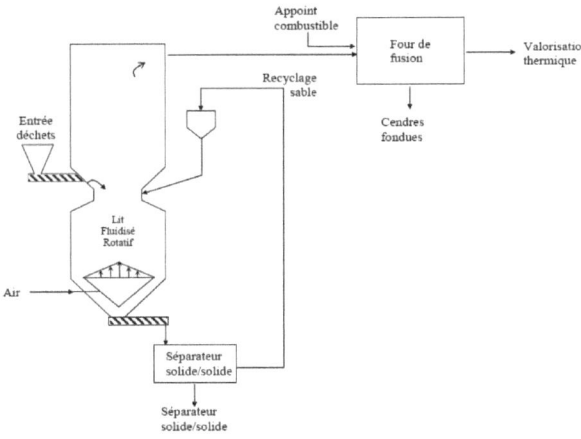

Figure 25: Gazéifieur Ebara RFB (Japon)

Les caractéristiques ainsi que le mode de fonctionnement du procédé sont décrites dans l'Annexe 20 : Gazéifieur Ebara RFB (Japon)

2.3 Gazéifieur à lit entraîné

Gazéifieur Shell à lit entraîné

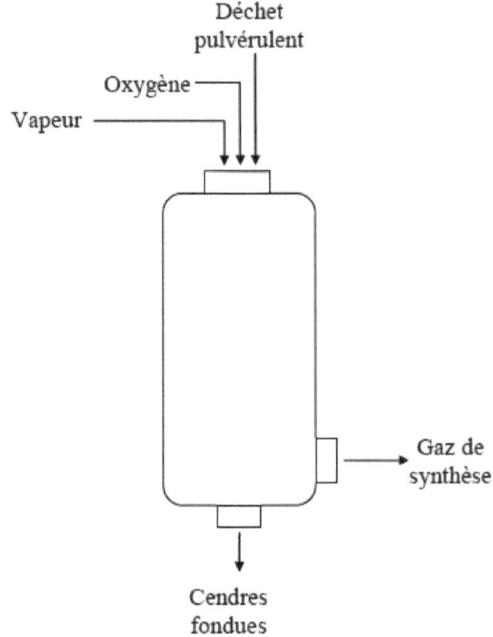

Figure 26: Gazéifieur Shell à lit entraîné

Les caractéristiques ainsi que le mode de fonctionnement du procédé sont décrites dans l'Annexe 21 : Gazéifieur Shell à lit entraîné.

Technologie de gazéification Noell

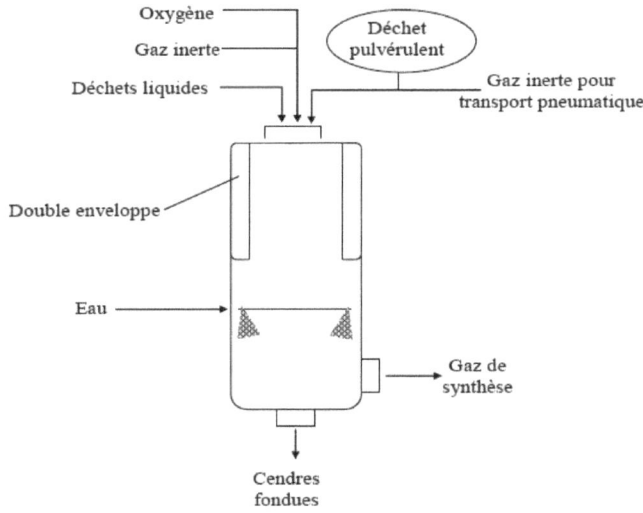

Figure 27: Technologie de gazéification Noell

Les caractéristiques ainsi que le mode de fonctionnement du procédé sont décrites dans l'Annexe 22 : Technologie de gazéification Noell.

Technologie Lurgi MPG

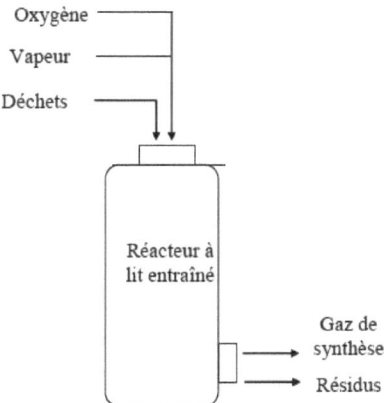

Figure 28: Technologie Lurgi MPG

Les caractéristiques ainsi que le mode de fonctionnement du procédé sont décrites dans l'Annexe 23 : Technologie Lurgi MPG.

3. Pyro-Gazéification à deux étages

Pyro-Gazéifieur Pit-Pyroflam (Sanifa/Suez).

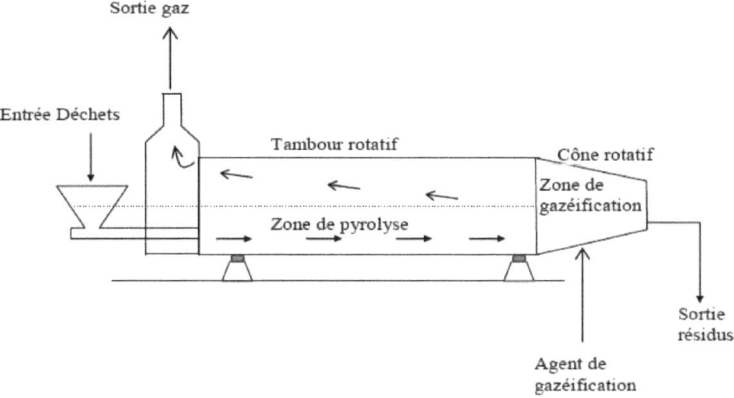

Figure 29: Pyro-Gazéifieur Pit-Pyroflam (Sanifa/Suez).

Les caractéristiques ainsi que le mode de fonctionnement du procédé sont décrites dans l'Annexe 24 : Pyro-Gazéifieur Pit-Pyroflam (Sanifa/Suez).

Procédé Compact Power

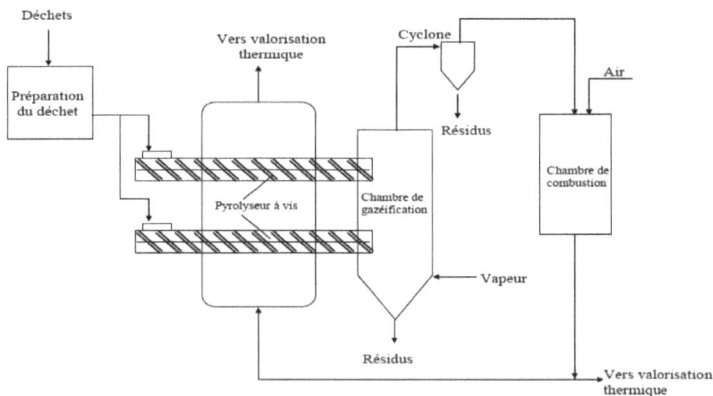

Figure 30: Procédé Compact Power

Les caractéristiques ainsi que le mode de fonctionnement du procédé sont décrites dans l'Annexe 25 : Procédé Compact Power.

Procédé Thermoselect

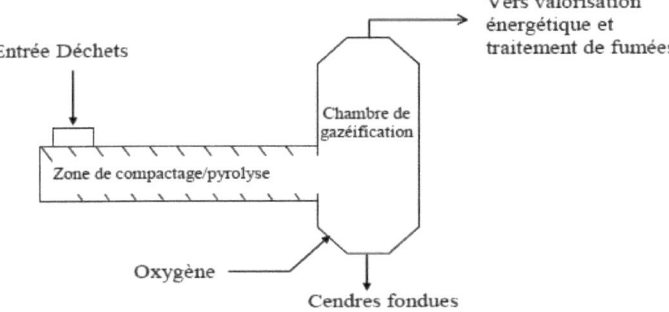

Figure 31: Procédé Thermoselect

Les caractéristiques ainsi que le mode de fonctionnement du procédé sont décrites dans l'Annexe 26 : Procédé Thermoselect.

Procédé Carbo V (Choren)

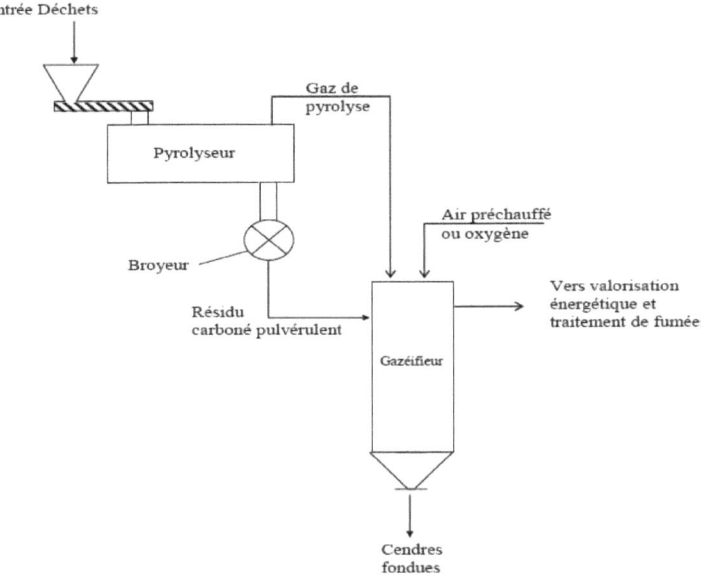

Figure 32: Procédé Carbo V (Choren)

Les caractéristiques ainsi que le mode de fonctionnement du procédé sont décrites dans l'Annexe 27 : Procédé Carbo V (Choren).

Procédé FICFB - Babcock Borsig

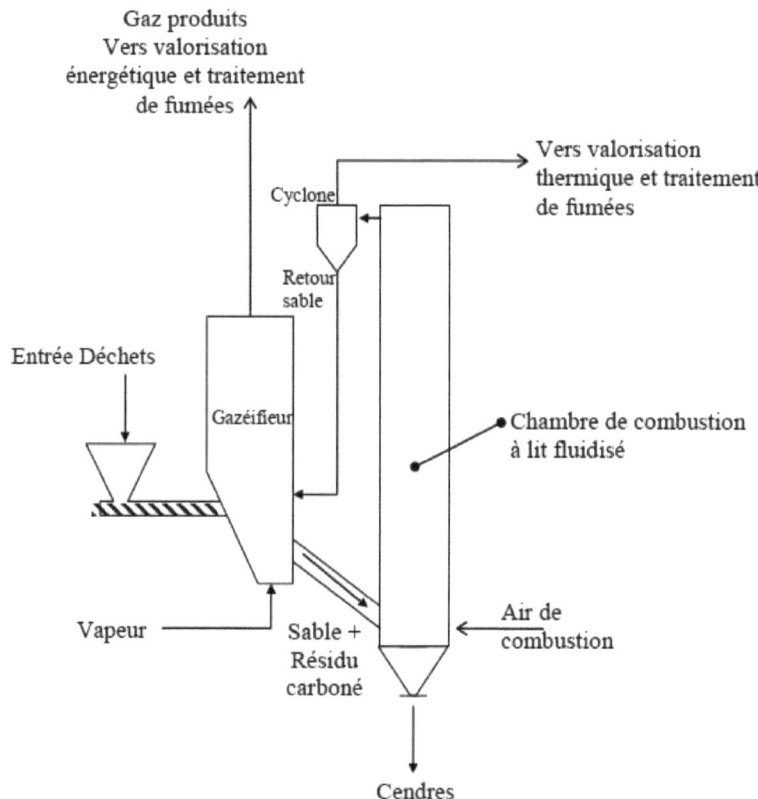

Figure 33: Procédé FICFB - Babcock Borsig

Les caractéristiques ainsi que le mode de fonctionnement du procédé sont décrites dans l'Annexe 28 : Procédé FICFB - Babcock Borsig.

Procédé PKA

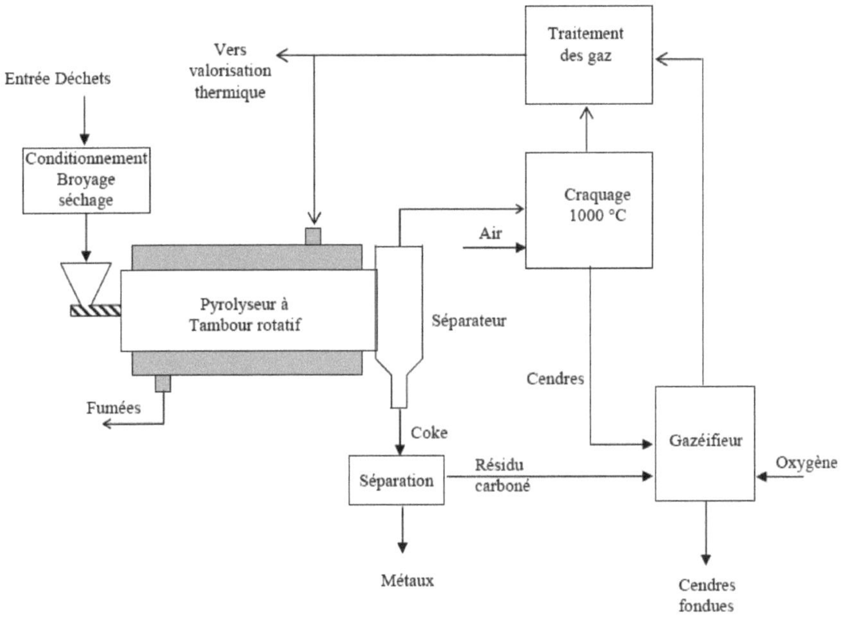

Figure 34: Procédé PKA

Les caractéristiques ainsi que le mode de fonctionnement du procédé sont décrites dans l'Annexe 29 : Procédé PKA.

Conclusion

Les technologies présentées en pyrolyse/gazéification de déchets (four tournant, lit dense, lit fluidisé avec apport interne ou externe de chaleur), sont en général bien maîtrisées dans leurs applications en incinération ou en combustion de charbon minéral. Ces mêmes technologies, quand elles sont utilisées pour la pyrolyse ou la gazéification de déchets, posent cependant des problèmes spécifiques.

D'une façon générale, les technologies présentées, qui mettent en œuvre un étagement entre l'étape de pyrolyse et celle de gazéification, permettent de lisser les hétérogénéités de forme et de composition, propres aux déchets solides. Un premier étage de pyrolyse à basse ou moyenne température permet, dans ces technologies, non seulement d'éliminer les processus de fusion/agglomération, mais également d'extraire les matières volatiles, dont le taux dépend fortement du type de déchet traité. Les cokes et goudrons produits sont en général gazéifiés dans un second étage, dans des conditions opératoires maîtrisées. Dans ce type de procédés, cet étagement permet non seulement de limiter la préparation du déchet, mais offre également la possibilité de retirer les éléments métalliques et minéraux du flux à traiter, avant son introduction dans le deuxième étage. Dans les cas où ce deuxième étage est un gazéifieur à lit entraîné, ceci permet de plus, un broyage intermédiaire fin des cokes produits, compatible avec des temps de séjours faibles en gazéification, permettant de réduire la taille des installations de gazéification concernées.

L'objectif est alors l'étude et la conception d'un modèle qui répond à tous nos besoins et exigences décrites dans le cahier des charges, ainsi que la mise au point du pilote de point de vue automatisation et la définition des paramètres clefs.

Le réacteur doit assurer :

- ✓ capacité de traitement maximal d'un réacteur de pyro-gazéification
- ✓ consommation totale de gaz vecteur
- ✓ limite de transport pneumatique
- ✓ puissance de chauffage disponible
- ✓ conversion totale des particules de biomasse en sortie du réacteur

Chapitre II : Conception du prototype

Introduction

Des calculs de dimensionnement prévisionnels ont été effectués en se basant sur les solutions déjà réalisés, de sorte que la pyro-gazéification soit théoriquement réalisable dans des conditions compatibles avec les contraintes techniques du laboratoire. Les critères suivants ont été pris en compte :

- ✓ une géométrie et un fonctionnement souples et très simples
- ✓ une efficacité de séparation très élevée (jusqu'à quelques microns de diamètre des particules).
- ✓ un entretien relativement facile.
- ✓ de faibles pertes de charge (économique)
- ✓ de larges conditions de travail (jusqu'à des températures de plus de 1200 K et des pressions de 0,01 à 100 bars).

Apres avoir étudié l'Analyse du cycle de vie (ACV) on continue à suivre toutes les étapes de conception du produit.

I) Analyse fonctionnelle du système

Pour élaborer une analyse fonctionnelle, une démarche classique et conventionnelle a été adoptée, en suivant les étapes suivantes :

- ✓ Diagramme pieuvre
- ✓ Caractérisation des fonctions des services
- ✓ Analyse fonctionnelle système technique
- ✓ Evaluation préliminaire des solutions

1. Analyse des besoins : Diagramme pieuvre

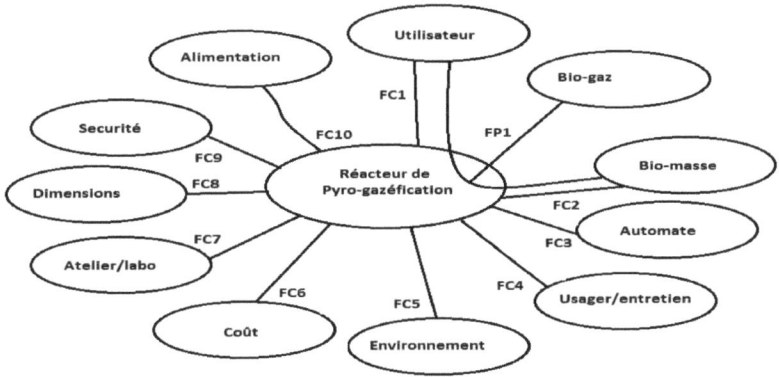

Figure 35: Diagramme pieuvre

Tableau 1:Désignation des fonctions de services

Fonctions	Désignations
FP1	Permettre à l'utilisateur l'extraction du Biogaz a partir de la Biomasse
FC1	Doit être simple à utiliser et contrôler
FC2	S'adapter a plusieurs types de Biomasse
FC3	Être automatisable et contrôlable
FC4	Permettre l'entretien facilement
FC5	Respecter l'environnement
FC6	Être à un prix compétitif
FC7	Respecter les exigences de l'atelier ou laboratoire
FC8	Présenter une géométrie stable et non encombrante adapté au labo
FC9	Ne pas présenter de dangers ou risques
FC10	S'adapter a la source d'alimentation disponible

2. Caractérisation des fonctions des services

Dans ce qui suit les niveaux de flexibilité représentent :

F0: flexibilité nulle, niveau impératif

F1: flexibilité faible, niveau peu négociable

F2: flexibilité bonne, niveau négociable si contre partie

F3: flexibilité forte, niveau négociable

Tableau 2: Caractérisation des fonctions des services

Fonctions	Critères d'appréciation	Niveau d'appréciation	Flexibilité
FP1	Assurer les conditions expérimentales nécessaires au déroulement de l'extraction		F0
	Continuité de production et contrôle de la vitesse de production	Débit de production réglable	F1
		Interruption de production sans besoin d intervention	F1
FC2	Variété de type de biomasse utilisé	Déchets solides	F1
FC3	Automatisation du processus complet	Actionneurs réglables	F0
	Connaissance totale de l'état du système en plusieurs points précis	Capteurs d'états	F0
FC4	Montage démontage possible de touts les pièces	Montage démontage manuel	F1
FC5	Rejets et émission non toxique	Gaz inerte	F0
		Résidu solide inerte	F0
FC6	Ne pas dépasser le budget fixé	100 000 Dt	F3
FC7	Distance fonctionnelle entre les équipements du laboratoire	Rayon =1m	F2
FC8	Dimension adapté au laboratoire	Longueur= 2m	F2
		Largeur= 1m	F2
		Hauteur= 1,5m	F2
FC9	Absence des risques de fuites	étanchéité	F0
	Absence de danger de brulures	Isolation thermique	F0
FC10	Adaptation au réseau disponible	220V	F1

3. Analyse fonctionnelle système technique

FP1 : Permettre à l'utilisateur d'extraire du Biogaz a partir de la Biomasse

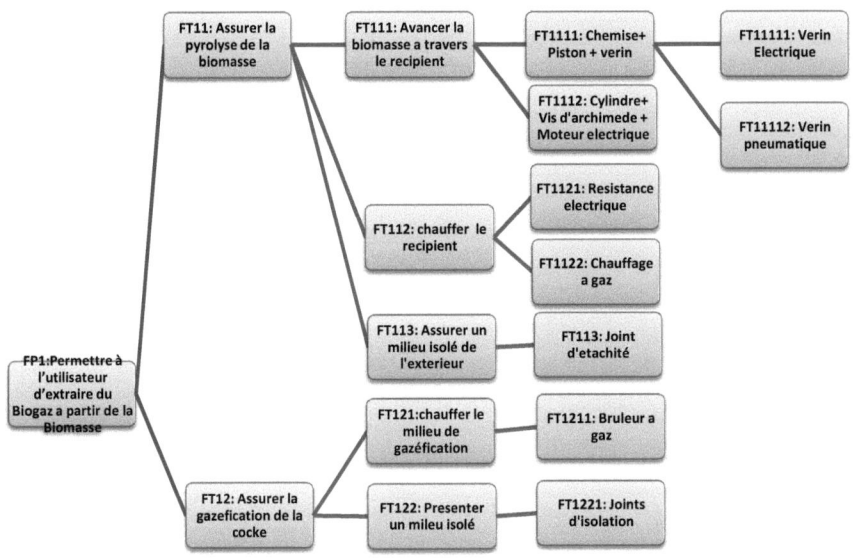

FC3 : Être automatisable et contrôlable

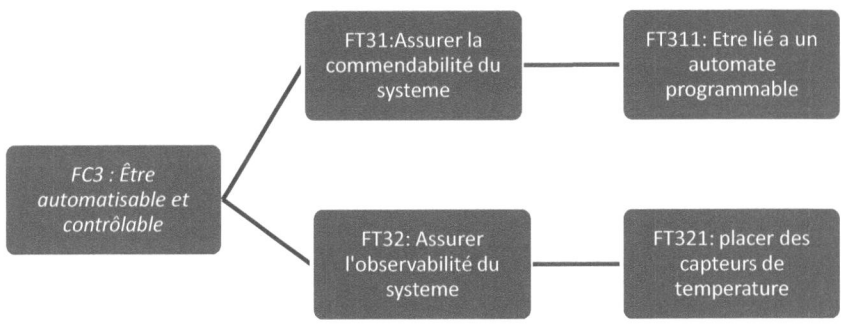

FC4 : Être automatisable et contrôlable

FC9 : Ne pas présenter de dangers ou risques

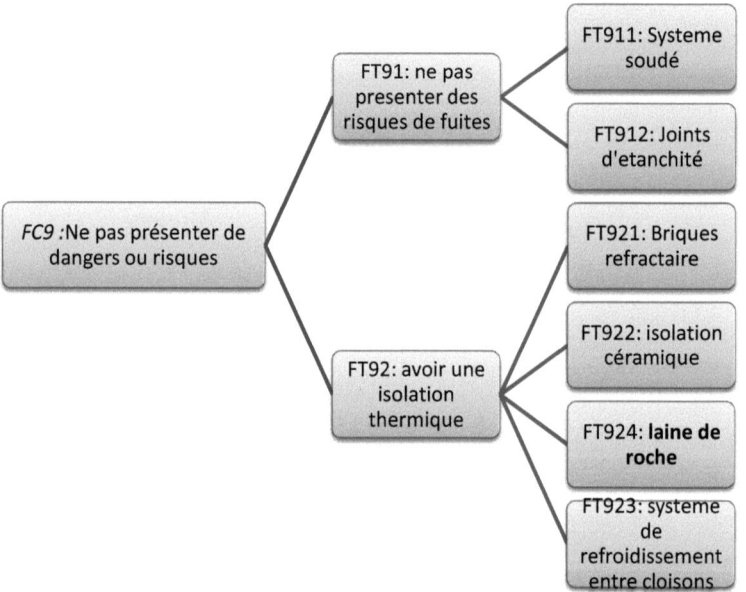

4. Evaluation préliminaire des solutions

FP1 : Permettre à l'utilisateur d'extraire du Biogaz a partir de la Biomasse

FT111 : on envisagera le choix de la solution de la vis d Archimède, qui assure la continuité de l'avancement de la matière à l'intérieur du pyroliseur, contrairement au vérin qui présente une discontinuité lors du recul.

La vis est montée avec deux roulements aux extrémités sur le cylindre du pyroliseur afin de conserver l'étanchéité du système.

FT112 : les résistances électriques sont plus avantageuses, vu qu'ils préservent les conditions du déroulement de la réaction voulu, leurs temps de réponse rapide ainsi que leurs commandabilité facile.

FC3 : Être automatisable et contrôlable

FT311 : Une automate programmable ou un microcontrôleur est nécessaire pour gérer le système, temporiser et organiser les actionneurs.

FT321 : Pour avoir une information exacte et précise de l état du système, des sondes seront placé en plusieurs points du système.

La présence d'une carte d'acquisition est exigé pour gérer les capteurs et collecter les donnés du système.

FC9 : Ne pas présenter de dangers ou risques

Des contraintes de poids, de volumes et de coût interviennent pour favoriser le choix de l'isolation par laine de roche en ce qui concerne le pyroliseur, puisque la laine de roche est moins encombrante, plus légère et moins chère.

En ce qui concerne le gazogène, la géométrie de double cloison sert a isoler la chambre interne, ainsi que protéger un serpentin autour du dispositif, dans le quel est coulé un fluide pour le refroidissement

II) Conception

Le domaine de la DAO est en pleine expansion avec des machines de plus en plus puissantes et des logiciels de plus en plus pointus. On trouve des logiciels comme **CATIA** qui peuvent apporter leur aide dans ce domaine. Il utilise des techniques d'image 2D et 3D pour arriver à des résultats impressionnants. Une connaissance dans le monde du dessin en 3D est quand même utile pour la prise en main. Son interface graphique est très réussie et il dispose de tous les outils nécessaires pour le dessin.

II.1) Conception de la machine

Un modèle primaire a été conçu en partant des analyses et des idées et en passant par un croquis, critiqué, modifié et raffiné pour aboutir enfin à un modèle finale qui correspond au modèle voulu et qui répond à toutes les exigences demandés et cités dans le cahier de charge.

Figure 36: vue en 3D du Système

Une vue en coupe du système est nécessaire pour mieux comprendre l'architecture interne de ce dernier

Figure 37: Vue en coupe du Système

II.2) Caractérisation de différents composants

Dans ce qui suit, nous allons fournir une description détaillée des différentes parties et composants de notre système pour mieux comprendre le fonctionnement de ce dernier.

Figure 38: l'entrée de la biomasse

L'entrée du système est en forme d'un entonnoir afin de permettre l'insertion continue de la matière et garantir une quantité considérable de matière en réserve.

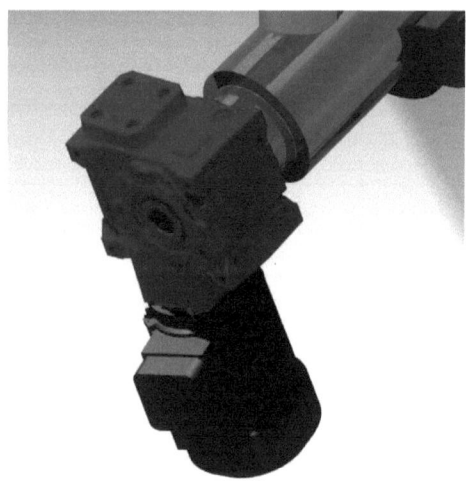

Figure 39: Moteur + Réducteur

Un moteur électrique (asynchrone) muni d'un réducteur de vitesse est nécessaire pour entrainer le vis en rotation avec une vitesse réduite et réglable par un variateur de vitesse (variateur de fréquences).

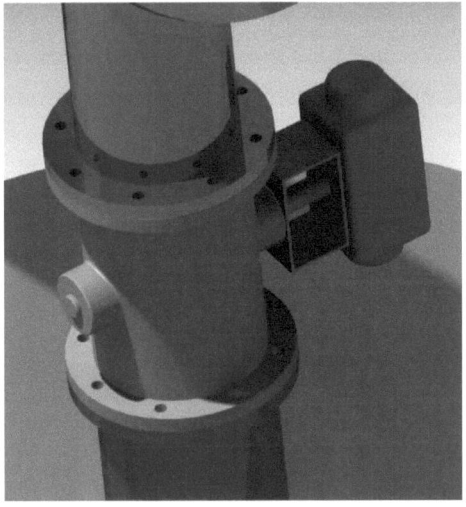

Figure 40: Electrovanne papillon

Des électrovannes sont placé dans des point clés du système pour assurer l'isolation du milieu extérieur, ainsi que contrôler l'intrusion et l'extraction de la matière :

- ✓ Entrée du pyrolyseur
- ✓ Entre le pyrolyseur et le gazogène
- ✓ La sortie du gazogène

Figure 41: Tiroir

Un système d'évacuation de déchet ou cendre, sous forme de tiroir, facile à manipuler par l'utilisateur pour préserver la nature.

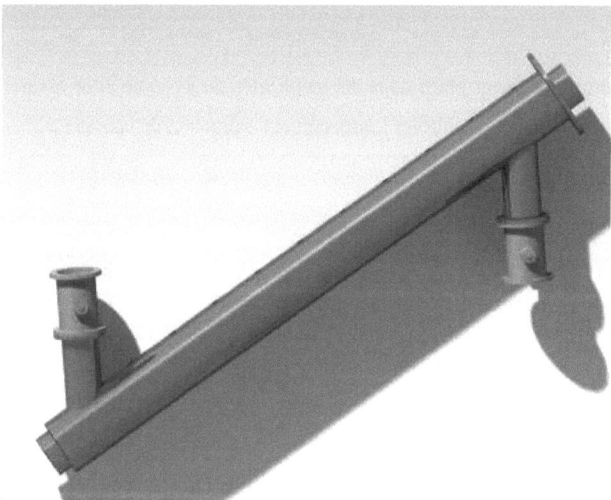

Figure 42: Pyrolyseur

Le pyrolyseur est comme son nom l'indique, la partie ou la pyrolyse se déroule, composé d'un cylindre creux entouré de résistances électriques de chauffage, isolé avec la laine de roche, et a travers tourne un vis d'Archimède pour déplacer la matière tout au long du cylindre jusqu'à l'évacuation.

Il est positionné avec une inclinaison pour faciliter l'extraction du gaz de pyrolyse a son extrémité haute.

Figure 43: Gazogène

Le gazogène la ou se déroule la réaction de gazéification, il est composé de deux partie ;

Le corps, sous forme de grand récipient, contournant le cœur du gazogène, pour assurer l'isolation thermique et préserver la sécurité de l'utilisateur.

Le cœur, le récipient interne la ou se déroule concrètement la gazéification de la matière

II.3) Dossier technique

L'annexe 1 contient un dessin d'ensemble de nôtre système.

Conclusion

Une fois le modèle conçu fût approuvé, le dossier technique serait prêt à être traité par le bureau des méthodes afin de vérifier la faisabilité et la fabricabilité du produit ainsi que déterminer les méthodologies de fabrication des composants du système.

D'autre part, il est fondamental de préciser la mise au point du système de point de vue éclectique et automatique, ce que nous allons tenir compte d'expliquer dans la partie suivante.

Chapitre III : Automatisation de la plateforme matérielle du système

Introduction

L'étape suivante ne manque pas d'importance pour achever la phase de conception, car durant laquelle on va définir le rôle, le mode de fonctionnement et le paramétrage des composants, sans oublier de préciser l'instrumentation du système.

I) Généralités

1. Objectifs

L'automatisation du système est une nécessité. Encore faut-il ne pas céder à la tentation de suivre une mode, mais bien analyser les objectifs de l'automatisation et en particulier pourquoi et pour qui automatiser?

a - Amélioration des conditions d'exploitation

La première fonction d'une automatisation est de supprimer des tâches répétitives et pénibles pour l'opérateur

Plus récemment, l'automatisation et la supervision par ordinateur ont conduit à une augmentation du confort en permettant une meilleure maîtrise, même à distance, d'un grand nombre d'informations présentées agréablement et en simplifiant les tâches d'exploitation, de surveillance, de maintenance et de gestion.

b - Amélioration des performances de l'installation

En premier lieu, on peut viser à améliorer la qualité d'extraction en mettant en œuvre des mesures et des régulations complémentaires internes au procédé, comme, par exemple, le dosage de la matière première, le niveau d'oxygénation, le contrôle de température de réacteurs, etc.

L'automatisation des procédés permet aussi de s'affranchir de certaines faiblesses humaines et d'accroître la fiabilité.

L'automatisation, couplée à un stockage d'informations, permet d'envisager des études statistiques des données recueillies ouvrant la voie à des études d'optimisation de traitement.

c - Accroissement de productivité

L'automatisation peut viser à augmenter la productivité par diminution des coûts d'exploitation. On peut ainsi optimiser les coûts d'énergie surtout ceux des matières consommables.

La diminution de personnel posté et l'organisation d'une maintenance préventive permettent également une réduction des coûts.

d - Aide à la surveillance

Elle comprend l'installation de capteurs, la détection d'alarmes, la mise en place de moyens d'enregistrement de données et de transmission à distance, qui peut aller jusqu'à la supervision par ordinateur, etc.

L'automatisation n'est pas un objectif en soi. Le niveau de complexité de l'installation doit être adapté aux compétences disponibles localement et aux objectifs. L'automatisme doit être considéré comme une aide et non une contrainte.

2. Instrumentation

2.1 Définitions

On appelle boucle de mesure ou chaîne de mesure, l'ensemble des instruments connectés entre eux et relatifs à la mesure et au traitement d'un paramètre.

L'élément primaire de cette boucle est le capteur qui convertit directement ou indirectement le paramètre mesuré en signal électrique. Le capteur est dit actif lorsqu'il génère un signal électrique fonction du paramètre mesuré. Ce signal, de très faible puissance, est dit de bas niveau et doit être amplifié pour pouvoir être transmis à distance.

Le capteur passif travaille par variation d'impédance en fonction du paramètre mesuré et doit être alimenté par une source extérieure.

Sous l'action du capteur, le transmetteur élabore un signal de "haut niveau" qui est généralement caractérisé par une tension (par exemple, 0-10 volts) ou un courant (par exemple, 4-20 mA).

2.2 Chaine d'acquisition

La chaîne d'acquisition permet de transformer une grandeur à mesurer en un signal électrique exploitable. La chaîne d'acquisition classique comporte 4 composants.

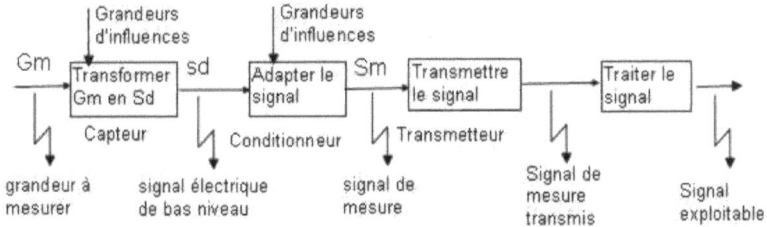

Figure 44: Chaîne d'acquisition (Olivier HUBERT)

Une chaine d'acquisitions déjà existante dans le laboratoire sera utilisée, Agilent 34970A, Gamme de système de commutation/acquisition de données.

Ce module présente plusieurs avantages et utilités pour gérer notre système.

Le module comporte:

- Châssis à 3 logements intégrant un multimètre numérique 6 ½ chiffres et 8 modules enfichables de commutation et de commande en option
- Mesure et convertit 11 signaux d'entrée différents :
    - ✓ température avec thermocouples, RTD et thermistances ;
    - ✓ tension dc/ac ; résistance 2 et 4 fils ; fréquence et période ;
    - ✓ courant dc/ac
- Options E/S Gigabit LAN, USB, GPIB ou RS-232 pour une connexion aisée à notre PC
- Interface Web graphique pour la surveillance et la commande par pointer-cliquer (34972A)
- Prise en charge des clés USB pour copier/enregistrer les données dans des applications autonomes (34972A)
- Inclut le logiciel BenchLink Data Logger pour configurer et commander les tests, afficher les résultats et collecter des données en vue d'une analyse approfondie

Le module assure :

- ✓ Des mesures fiables
- ✓ Conditionnement intégré des signaux
- ✓ Connectivité standard avec le PC
- ✓ Stockage pratique des données sur clé USB
- ✓ Interface Web graphique facile à utiliser
- ✓ Logiciel gratuit BenchLink Data Logger

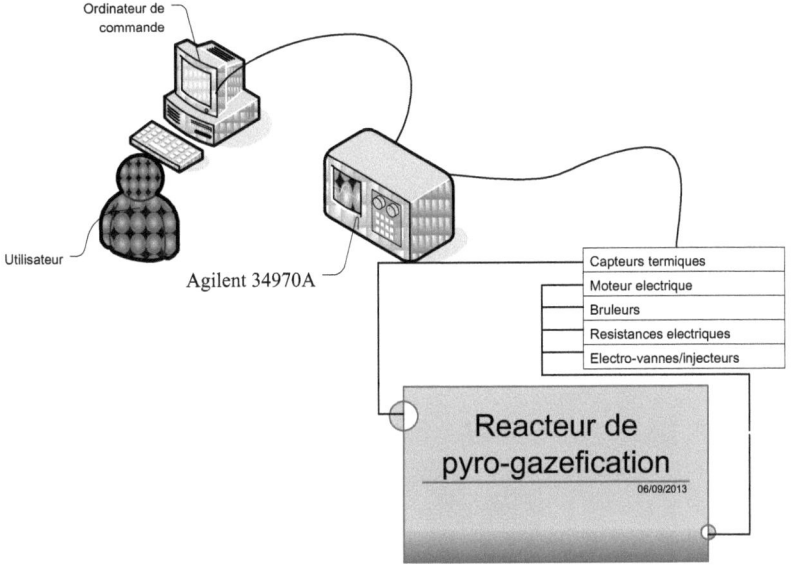

Figure 45: Branchement du système

II) Description du fonctionnement

Le cycle commence par l'échauffement du pyrolyseur, une fois la température souhaité atteinte, l'intrusion de la biomasse commence à travers l'entonnoir, contrôlé par l'électrovanne, le moteur entraînant le vis d'Archimède se met alors a tourner pour guider la matière tout au long du cylindre, au même temps, un gaz inerte (azote) est injecté au niveau de l'entrée du pyrolyseur, pour guider le gaz de pyrolyse formé vers le condenseur, la ou une partie condensable est séparée et collectée, pendant que la partie incondensable de la vapeur est injecté au gazogène pour favoriser la réaction. Une fois déroulée, le gaz est évacué et récupérée.

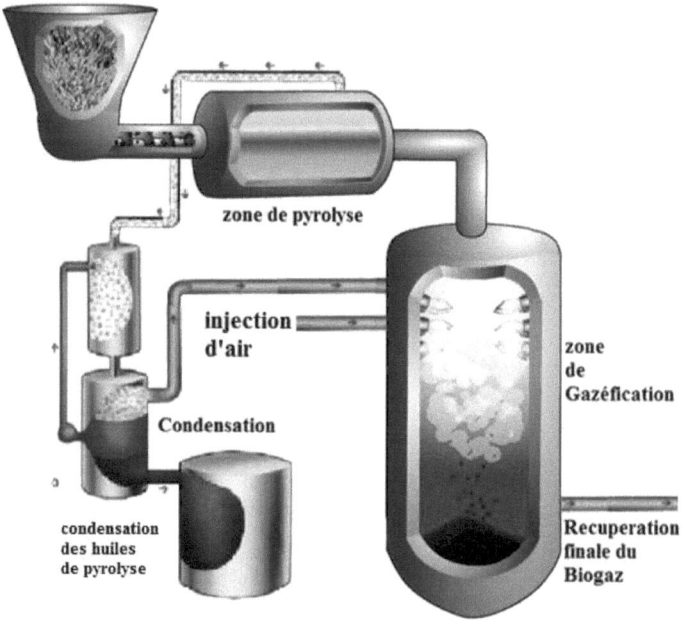

Figure 46: Schémas de fonctionnement du système

1. Caractérisation des composants

Le système comporte plusieurs composants électriques dont nous allons énumérer leurs emplacements ainsi que leurs rôles et leurs modes de fonctionnement.

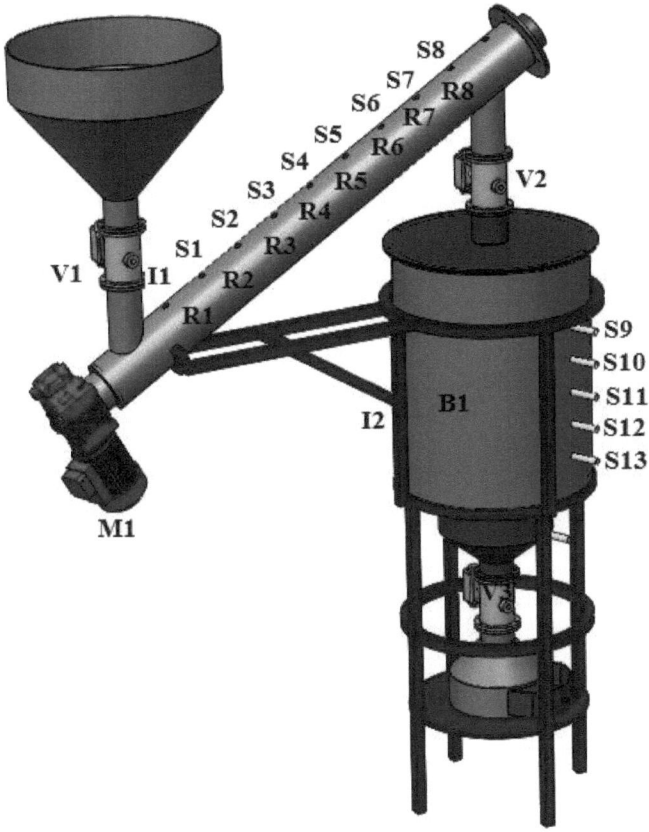

Figure 47:Spécification des composants

Tableau 3: Nomenclature des composants

NOM	Désignation	Fonction
B1	Bruleur	Assurer la production de chaleur
I1	Injecteur	Assurer l'injection de l'Azote
I2		Assurer l'injection de l'air
M1	Moteur électrique	Entrainer la vis d'Archimède en rotation
R1	Resistance électrique chauffante	Chauffer le cylindre du pyrolyseur
R2		
R3		
R4		
R5		
R6		
R7		
R8		
S1	sondes de température (ou capteurs de température)	transformer l'effet du réchauffement en signal électrique pour nous informer sur l'état du système
S2		
S3		
S4		
S5		
S6		
S7		
S8		
S9		
S10		
S11		
S12		
S13		

2. Câblage et paramétrages

Resistance électriques chauffante

Le circuit de commande est séparé de celui de puissance par l'intermédiaire des relais électromécaniques ou statique ; chacune des résistances est commandé par un relais, qui est, à son tour, commandé par le signal de commande issue de la chaine d'acquisition

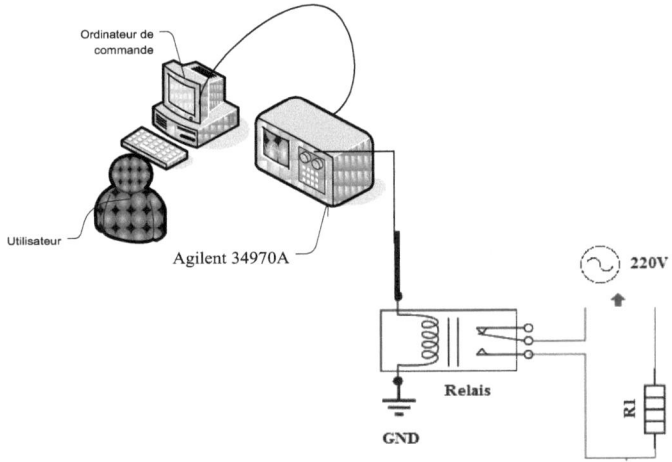

Figure 48: Câblage et commande des Resistances

La Configuration de la température maximale voulu se fait initialement par l'utilisateur, une fois fixée, le système est asservis automatiquement pour la garder presque constante à l'aide des sondes de température qui renvoi directement l'information vers la chaine d'acquisition qui commande la mise en marche des Resistances par le biais des relais.

Electrovanne

Les électrovannes sont commandés directement par la chaine d'acquisition qui peu fournir un courant assez puissant pour leurs activation (12V /24V).

Sondes de température

Les capteurs de températures sont branchés ou câblé directement à la chaine d'acquisition Agilent 34970A, le signal reçus sera traité par cette dernière pour être exploiter.

Moteur électrique

Le paramètre principal variant du système est la vitesse a laquelle tourne le moteur, la vitesse influe directement sur le temps de séjour de la matière dans le pyrolyseur

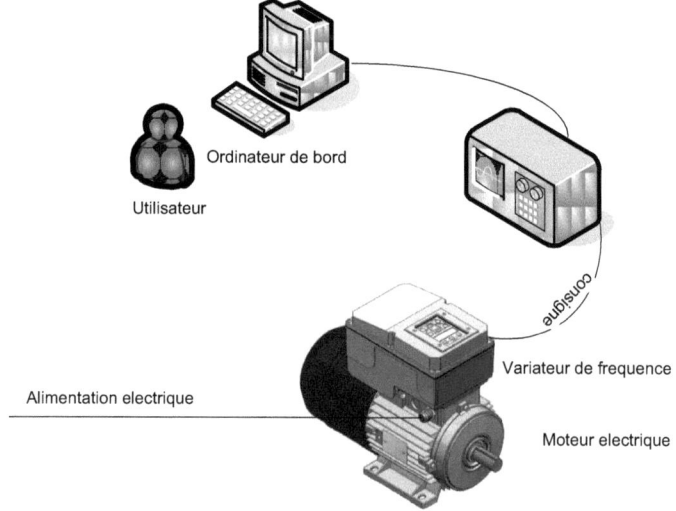

Figure 49: Schémas de commande du Moteur

Selon le besoin, l'utilisateur peu varier le temps de séjour de la matière à l'intérieur du cylindre du Pyrolyseur. Plusieurs durées peuvent être testées pour chaque type de biomasse afin d'optimiser l'extraction du gaz de pyrolyse.

Exprimons $V=f(T_s)$ avec :

P : PAS=100mm (caractéristique du vis d'Archimède)

L : Longueur=1300mm (longueur parcouru par la matière dans le cylindre)

R : rapport de réduction=1/10 (caractéristique du réducteur)

Ts : Temps de séjour (paramètre à choisir par l'utilisateur)

V : Vitesse de rotation

$$V = 60 \frac{L}{TsRP}$$

Ainsi nous obtenons la vitesse de rotation en Tr/mn

Conclusion

Ainsi on arrive à achever la fixation de tous les paramètres nécessaires au bon fonctionnement du système et la définition de tous les composants pour assurer l'automatisation du prototype et minimiser l'intervention de l'utilisateur durant le fonctionnement.

Le système étant automatiquement configuré et électriquement réglé, il reste toujours préférable de l'isoler du réseau principale en le branchant à un disjoncteur pour éviter les risques en cas d'incident, un courant de surcharge ou un courant de court-circuit dans l'installation, et aussi à un onduleur qui est un dispositif qui permet de fournir une alimentation électrique stable et dépourvue de coupure, quoi qu'il se produise sur le réseau électrique, par mesure de sécurité, et pour veiller au bien du déroulements des expériences.

Conclusion générale

Notre objectif principale pour ce projet est de concevoir un pilote de pyro-gazéification destiné au laboratoire du Centre de Recherche et des Technologies de l'Energie CRTEn afin de mener des expériences sur l'extraction des huiles de pyrolyse et le gaz de synthèse (syngaz) de la biomasse dans le contexte de valorisation énergétique des déchets.

En commençant par une étude approfondie des phénomènes étudiés, ainsi qu'en s'inspirant des dispositifs expérimentaux déjà réalisés et mis à l'épreuve partout dans le monde, on est arrivé à concevoir un modèle finale qui répond à tous les besoins et exigences pour bien mener les expériences voulues.

Le système a été détaillé en présentant ses composants ainsi que leurs rôles et mode de fonctionnement, le branchement, l'alimentation et aussi l'automatisation par le biais des ressources disponibles au laboratoire pour minimiser les dépenses et le cout totale de l'investissement.

Cependant, la biomasse qui va être introduite au dispositif doit subir un traitement, qui est le séchage et le broyage dû à l'handicap de taille de particules que peut traiter le système, ce qui nécessite plus de ressources et dépense, chose à éviter en exploitant la chaleur dégagé des résistances pour préparer la biomasse à l'avance.

Et l'échelle industrielle, en dimension plus grande autrement dit, le système peut être équipé d'un broyeur à l entrée.

Par ailleurs, les résistances consomment beaucoup d'électricité, alors ce serai avantageux de les remplacer par des bruleurs à gaz, qui fonctionnent avec le gaz produit du système lui-même, ce qui favorise l'autonomie de ce dernier et la réduction de consommation d'énergie.

Bibliographie / Netographie

ADEME / Procédés, Pyrolyse – Gazéification de déchets solides, État de l'art des procédés existants - Faisabilité de traitement d'un déchet par Pyrolyse ou Gazéification, 2004, 175 p.

COMMUNAUTÉ MÉTROPOLITAINE DE QUÉBEC, Plan de gestion des matières résiduelles, Annexe C : Étude sommaire des technologies de gestion des matières résiduelles, décembre 2004, 50 p.

Disponible à :

http://www.recyc-quebec.gouv.qc.ca/prorecyc/docs/PGMR/CMQ/CMQ10.pdf

CONSEIL CANADIEN DU COMPOSTAGE, Compostage de la matière organique – Description des procédés existants, p. 17

Disponible à :

http://www.compost.org/pdf/compost_proc_tech_fr.pdf

FÉDÉRATION CANADIENNE DES MUNICIPALITÉS, Les déchets solides, une ressource à exploiter – recueil des technologies relatives aux déchets, 139 p.

Disponible à :

http://www2.ademe.fr/servlet/KBaseShow?sort=-1&cid=96&m=3&catid=15465

IPPC, Reference Document on Best Available Technique for the Waste Treatments Industries, 08-2006, 592p

MINISTÈRE DU DÉVELOPPEMENT DURABLE, DE L'ENVIRONNEMENT ET DES PARCS, Guide sur la valorisation des matières résiduelles fertilisantes - Critères de référence et normes réglementaires, Direction du milieu rural, Février 2004. 138p.

Disponible sur :

http://www.mddep.gouv.qc.ca/matieres/mat_res/fertilisantes/critere/guide-mrf.pdf

MIQUEL Gérard, *Recyclage et valorisation des déchets ménagers*, rapport 415 – Office parlementaire d'évaluation des choix scientifiques et technologiques, 1998-99, Sénat France

Disponible à :http://www.senat.fr/rap/o98-415/o98-415.html

RECYC-QUÉBEC, Bilan 2006 de la gestion des matières résiduelles au Québec, 2007, 28 p.

Disponible à http://www.recyc-quebec.gouv.qc.ca/upload/Publications/Bilan2006.pdf

RECYC-QUÉBEC, ÉEQ, Caractérisation des matières résiduelles du secteur résidentiel au Québec 2006-2007 - Rapport synthèse,2007, 32 p.

Disponible à :

http://www.recyc-quebec.gouv.qc.ca/upload/Publications/Rapport-Synthese-Caract.pdf

SCHENKEL Yves & BENABDALLAH Boufeldja, *Guide de la biomasse énergie*, Organisation internationale de la francophonie,
Collection Points de repère, Éditions Les publications de l'IEPF, 2005, 418 p.
Disponible à :www.iepf.org/media/docs/publications/248_Guide_biomasse_2005.pdf

Sites Internet

Actu-environnement http://www.actu-environnement.com/librairie/alain-damien-biomasse-energie-1034.html (fevrier 2013)

ADEME http://www2.ademe.fr/servlet/KBaseShow?sort=-1&cid=96&m=3&catid=13487 (fevrier 2013)

APERE www.apere.org/fr/er/biomasse.php?code_rubrique=2120 http://www.apere.org/index/node/4 (fevrier 2013)

Biogas www.lebiogaz.info/site/029.html (fevrier 2013)

Isolation thermique http://www.structura-tunisie.com/isolant-extreme.html (fevrier 2013)

RECYC-QUÉBEC www.recyc-quebec.gouv.qc.ca (fevrier 2013)

Resistance électrique http://www.aci-resistance.com/colliers-chauffants.html (fevrier 2013)

Senat-France www.senat.fr/rap/o98-415/o98-415.html

Union des municipalités du Québec http://www.umq.qc.ca/nouvelles/actualite-municipale/projets-sur-lrsquo-hydrogene-a-trois-rivieres-10-05-2011/ (fevrier 2013)

Annexes

Annexe 1 : Procédé de pyrolyse Nesa (Flowsheet)

Ce procédé de pyrolyse est basé sur un réacteur de Pyrolyse à étages multiples. Dans le réacteur, les produits à traiter circulent d'étage en étage, de haut en bas, tandis que les gaz circulent généralement à contre-courant. Sur les étages supérieurs, la matière est séchée par l'action des gaz provenant des zones inférieures. Dans cette zone, la température des gaz diminue par transfert de leur chaleur sensible aux produits à traiter. Après avoir été séchés, les produits sont ensuite chauffés sous atmosphère pauvre en oxygène. Dans ces conditions, les matières organiques sont volatilisées pour produire un gaz combustible.

La chaleur nécessaire au procédé est produite par la combustion de tout ou d'une partie des matières volatilisées et éventuellement d'un combustible d'appoint. Après l'étape de pyrolyse, les produits ne contiennent plus que des matières minérales et du carbone fixe.

La combustion du carbone fixe est réalisée dans les étages inférieurs du réacteur et requiert un excès d'air. Une partie des gaz provenant de la combustion du carbone fixe remonte vers les zones supérieures, alors que l'autre partie est soutirée et renvoyée directement à la chambre de postcombustion avec les gaz aspirés du sommet du pyrolyseur.

Le procédé de pyrolyse, suivie de la combustion du carbone fixe résiduel permet la séparation des solides et des gaz. Les gaz sont intimement mélangés à l'air par leur admission tangentielle dans la chambre de postcombustion conçue pour assurer l'oxydation complète des matières volatiles à une température supérieure à 850°C et répondre aux normes légales.

Annexe 2 : Procédé Thide

La pyrolyse Thide comporte quatre étapes principales :

1. La préparation des déchets

2. La phase de pyrolyse

3. Traitement des solides carbonés.

4. Valorisation énergétique

Le réacteur est un cylindre rotatif équipé d'une double enveloppe fixe en acier réfractaire dans laquelle circulent des fumées chaudes. L'intérieur du cylindre est ainsi porté à une température voisine de 500°C. Au cours de leur progression dans ce cylindre chaud, les déchets subissent une dégradation thermique qui conduit à la formation du gaz de pyrolyse et des solides carbonés. Le gaz, constitué de gaz légers non-condensables, de vapeurs lourdes type goudrons et de vapeur d'eau, est extrait du four en continu, dépoussiéré puis dirigé vers une chambre de combustion dans laquelle il est brûlé et produit les fumées chaudes (1100 °C) utilisées pour le chauffage du four.

Annexe 3 : Procédé WGT

Le procédé de pyrolyse WGT est basé sur une technique de pyrolyse lente. Les matériaux d'alimentation sont soumis à une température élevée dans un environnement en défaut d'oxygène. Avant introduction de matière à traiter, le réacteur est purgé à l'aide d'un gaz inerte, tel que l'azote. L'alimentation est faite dans un tambour rotatif cylindrique horizontal chauffé en double enveloppe à une température variant entre 750°C et 850 °C.

Annexe 4 : Procédé PyRos"

Le procédé PyRos est un procédé de pyrolyse basé sur un réacteur de pyrolyse cyclonique avec une filtration à chaud des gaz (séparateur de particules rotatif).

Un transport pneumatique (gaz inerte) assure l'introduction des particules dans le réacteur. La force centrifuge projette les particules à la périphérie du cyclone où le phénomène de pyrolyse a lieu. Les gaz produits sont évacués par le centre du cyclone à travers le filtre tournant.

La température moyenne du procédé varie entre 500-600 °C. Le temps de séjour des gaz dans le réacteur est de 0.5 à 1 sec.

Les caractéristiques du réacteur de PyRos sont :

- Taux élevés de transfert thermique
- Faible temps de séjour des gaz,
- Possibilité de contrôle du temps de séjour des particules,
- Conversion des grandes particules,
- Production de gaz filtré,

Annexe 5 : Procédé BTG

La technologie BTG de pyrolyse rapide se fait dans un réacteur à cône tournant (300 tr/min).

Le réacteur de pyrolyse est intégré dans la partie basse d'un système de circulation de sable chaud d'une chambre de combustion du coke, à lit fluidisé circulant.

Des particules de biomasse à température ambiante et les particules chaudes de sable sont introduites dans la partie inférieure du cône. L'effet rotatif du cône permet leur mélange et leur entraînement vers le haut. Dans ce type de réacteur, le chauffage rapide et le court temps de séjour des gaz peuvent être réalisés. Une partie de la charge est brûlée pour fournir la chaleur nécessaire au processus de pyrolyse.

Annexe 6 : Procédé Okadora

Dans le procédé Okadora, la pyrolyse rapide s'opère dans un «cyclone» dans lequel la centrifugation est obtenue par une action mécanique d'un plateau tournant muni d'ailerons qui procurent un mouvement ascensionnel. Le chauffage est assuré par une double enveloppe. Ce dispositif permet le traitement de produits très humides ou slurries.

Annexe 7 : Procédé PyroVac

Le procédé PyroVac est un procédé de pyrolyse sous vide qui consiste en la décomposition thermique du combustible à pression réduite. Une fois les molécules complexes de la matière organique chauffées, elles se transforment en fragments primaires dans le réacteur. Ces macromolécules sont rapidement éliminées de la chambre chaude par une pompe sous vide et sont récupérées après condensation sous forme d'huiles pyrolytiques.

La pyrolyse sous vide est effectuée à une température de 450°C et à une pression totale de 0.15 atmosphère. La basse pression dans le réacteur est le facteur principal qui permet le contrôle de la qualité et les proportions des produits résultants.

Après prétraitements, les déchets sont introduits dans le pyrolyseur sous vide. Les déchets sont transportés par deux plats horizontaux qui sont chauffés par un mélange des sels fondus qui est maintenu à une température de 550°C. Ce fluide caloporteur se compose d'un mélange de nitrate de potassium, nitrite de sodium et nitrate de sodium et est principalement chauffé à l'aide d'un brûleur à gaz qui est alimenté par les gaz produits non condensables du processus.

Un réchauffeur électrique d'induction est optionnellement utilisé pour maintenir une température constante à l'intérieur du réacteur. Une fois la matière organique du combustible chauffée, elle se décompose en vapeurs qui sont extraites du réacteur à l'aide d'une pompe à vide. Ces vapeurs sont alors orientées sur deux épurateurs dans lesquels les huiles lourdes et légères sont récupérées. Les gaz non condensables sont dirigés vers le brûleur du four à sels fondus. Le solide carboné produit est refroidi à la sortie de réacteur.

Annexe 8 : Procédé Thermolysef

Ce procédé permet de valoriser différents types de déchets et d'obtenir, par craquage thermique, des hydrocarbures aromatiques et/ou aliphatiques. Ces produits sont adaptés à la production de gaz de synthèse. Le bain de sel, régénérable, piège les composés halogénés et le soufre, et complexe (par combinaison chimique) les métaux lourds contenus dans les déchets. Ces éléments sont donc totalement absents des cokes de pyrolyse.

Annexe 9 : Gazéifieur Lurgi Dry Bottom

Le principe de fonctionnement est de type lit fixe dans lequel la charge solide descend en contre-courant de l'agent de gazéification qui est introduit à la base du réacteur vertical, lequel est muni d'une grille rotative qui sert d'extracteur de cendres. La combustion des résidus de charbon réalise l'apport de chaleur nécessaire à la gazéification. Le gaz brut sort du gazéifieur en partie haute du réacteur à une température variant entre 400 – 600 °C. Il est ensuite lavé puis refroidi afin d'éliminer les poussières et de condenser les hydrocarbures lourds (goudrons).

Annexe 10 : Gazéifieur British-Gas Lurgi (BGL) à lit fixe

Le gazéifieur BGL est un gazéifieur vertical à lit fixe pressurisé (24 bars) fonctionnant à contre-courant. Il peut traiter jusqu'à 40 t/h de charbon ou de coke. L'agent de gazéification (mélange oxygène/vapeur) est injecté par le bas, par des tuyères refroidies. La gamme de température varie de 1600 °C à la base du gazéifieur, à 530 °C en sortie des gaz.

Annexe 11 : Gazéifieur Babcock & Wilcok Volund systems

Le gazéifieur Babcock & Wilcok Volund system est un gazéifieur à lit fixe à contre courant utilisé pour la production d'électricité et de chaleur. Il est conçu comme un four vertical, cylindrique réfractorisé dans lequel on introduit à la base de l'air de combustion humide par l'intermédiaire d'une grille de distribution. L'alimentation des plaquettes de bois se fait en continu par le dessus du gazéifieur. Un dispositif de contrôle de niveau sert comme régulateur mécanique de contrôle du débit de solide introduit.

Annexe 12 : Gazéifieur Nippon Steel (NS)

Le gazéifieur NS est un gazéifieur à lit fixe en co-courant, atmosphérique, soufflé par de l'air.

La charge, alimentée par le dessus du gazéifieur à co-courant, est pré-mélangée avec 50 kg/t de coke, 30 kg/t de chaux, pour une désulfuration in situ de gaz.

Les cendres sont vitrifiées au fond du gazéifieur, l'addition de la chaux permet également la contrôle de viscosité des scories ainsi que la granulation.

Annexe 13 : Gazéifieur Xylowatt (Belgique)

Le gazéifieur Xylowatt est un gazéifieur atmosphérique à lit fixe en co-courant, destiné à la gazéification du bois. De la masse initiale de bois, il ne reste que 1 à 3 % de cendres. Tout le reste est transformé en gaz dont les principaux éléments combustibles sont l'hydrogène (H_2) et le monoxyde de carbone (CO). On dit que le gaz produit est pauvre parce que son pouvoir calorifique inférieur (PCI) se situe entre 4.5 et 5.8 MJ/mN^3 mais sa composition est parfaitement bien adaptée aux moteurs classiques. Le rendement énergétique de conversion du gazogène à co-courant est de l'ordre de 70 à 85 %.

La production des gaz prend place dans le réacteur qui est alimenté de biomasse en haut du réacteur par une vis. Les cendres sont extraites en fond de réacteur. A la sortie du réacteur le gaz est à une température de 550 °C et contient un certain nombre de polluants. Avant d'être injecté dans un moteur de gaz standard, le gaz est refroidi et passe par différents traitements : refroidissement, lavage à l'eau et filtration.

Annexe 14 : Procédé HTW (Winkler)

Le gazéifieur HTW est un procédé de gazéification sous pression et opérant à des températures au-dessous de la température de fusion des cendres (800 – 1000 °C). Le procédé utilise un réacteur vertical à lit fluidisé à deux zones, un lit dense et une zone de désengagement (suspension diluée).

Annexe 15 : Technologie Biosyn (Enerkem Tech.Inc./Biothermica)

Biosyn est une technologie à lit fluidisé dense. L'alimentation du solide se fait dans le lit fluidisé, habituellement composé de sable de silice ou d'alumine. L'injection d'air ou d'air enrichi en oxygène à travers la grille provoque la mise en suspension du sable, favorisant ainsi les transferts de masse et de chaleur. La quantité d'air ou d'air enrichi utilisée dépend de la composition du déchet et correspond habituellement à 30 % de la quantité nécessaire pour l'oxydation totale et stœchiométrique. Le débit massique nécessaire est de 2 Nm$_3$/kg de biomasse sèche, et 4 Nm$_3$/kg pour le plastique.

Le réacteur de gazéification peut fonctionner à des températures comprises entre 600 et 900°C. Le procédé de gazéification permet de produire environ 1.8 à 2.5 Nm$_3$ de gaz synthétique par kg de matière première, lorsque de la biomasse ou des OM sont utilisées comme matières premières.

La charge entrante doit être préparée : particules avec une taille inférieure à 5 cm, humidité initiale inférieure à 15-20 %).

Annexe 16 : Procédé Carbona

Le procédé Carbona est un procédé à basse pression.. La gazéification s'effectue dans un gazéifieur à lit fluidisé contenant du sable (matériau inerte). La fluidisation et la gazéification sont assurées par un mélange gazeux air/vapeur d'eau qui sont introduits dans le réacteur au moyen d'un distributeur de gaz spécial. Ce dernier est sous forme de plaque perforée en acier permettant d'éviter la retombée des particules.

L'air secondaire peut être introduit dans la zone de dégagement pour contrôler la température et augmenter le craquage des goudrons. La section de la zone de dégagement est plus large que la section du lit afin de diminuer la volatilisation des gaz et l'entraînement des particules fines et augmenter le temps de résidence des solides et du gaz dans le gazéifieur. Les matériaux entraînés circulant dans le lit et les cokes non convertis sont séparés du gaz produit par un simple cyclone externe et recyclés dans le lit fluidisé. Le cyclone est aussi enveloppé dans du réfractaire. Le gaz est refroidi, dépoussiéré et lavé

Annexe 17 : Gazéifieur Lurgi CFB

Le gazéifieur Lurgi CFB repose sur une gazéification à lit fluidisé circulant.

Les solides (charbon ou biomasse) sont introduits au fond du réacteur; et sont fluidisés par les agents de gazéification (mélanges oxygène-vapeur d'eau ou mélanges oxygène-CO_2). Les cendres sont extraites en partie basse sous la grille.

Les réactions de gazéification démarrent lentement au fond du réacteur, au point d'alimentation du combustible. La gamme typique des températures de réaction varie de 800°C à 1050 °C, selon le type des matières introduites. La pression de gazéification doit être supérieure à 1,15 bar. Le gaz produit est refroidi, dépoussiéré et épuré selon les conditions de son utilisation.

Au niveau du solide d'alimentation, il n'y a pas de limitation de la teneur en minéraux. La taille des particules doit être réduite à moins de 6 mm et la température de fusion des cendres supérieure à 1100 °C.

Annexe 18 : Gazéifieur Foster Wheeler

a. Gazéifieur FW atmosphérique CFB

Ce procédé utilise un lit fluidisé fonctionnant à pression atmosphérique et il est combiné à un brûleur au charbon ou au gaz naturel afin de produire l'énergie.

Le lit fluidisé fonctionne à pression atmosphérique et le profil de température s'étale de 800°C jusqu'à 1000°C (dans la partie basse). Cette température varie selon la nature et l'humidité des combustibles utilisés. Le combustible ne subit pas de séchage avant son entrée dans le lit fluidisé, du fait du profil de température au sein de l'enceinte, ainsi il est directement séché avant de subir une pyrolyse. Le charbon formé lors de la pyrolyse est recyclé au niveau du cyclone et il est brûlé dans la partie basse du four.

b. Gazéifieur FW CFB pressurisé

Le gazéifieur Foster Wheeler pressurisé est basé sur un lit fluidisé circulant. La gazéification prend place à une température aux environs de 950-1000 °C à 20 bars.

Ce procédé utilise comme agent gazéifiant, l'air qui est fourni au fond du gazéifieur à une température autour de 200 – 250 °C.

Annexe 19 : Procédé de gazéification TPS Termiska (Studsvik, Suède)

Le procédé TPS Termiska AB, est un procédé de gazéification développé initialement pour l'application biomasse. Ce procédé est basé sur un gazéifieur atmosphérique à lit fluidisé circulant couplé directement à un système de craquage des goudrons pour l'élimination des goudrons.

Le gaz à faible pouvoir calorifique produit à partir de ce procédé est refroidi et nettoyé dans des équipements conventionnels, pour les alcalins, ammoniac et les poussières et peut alimenter directement des moteurs ou des turbines à gaz.

Annexe 20 : Gazéifieur Ebara RFB (Japon)

Les composants principaux du procédé Ebara TwinRec sont :

- Un gazéifieur à lit fluidisé rotatif avec une grille inclinée basé sur la technologie de lit fluidisé rotatif permettant la séparation des non-combustibles solides, des fractions métalliques à recycler. Les conditions opératoires sont :

_ La température: 600-800°C

_ Pression: 0,5-1,6 MPa

- Une chambre de combustion cyclonique à haute température (1300-1500°C) avec vitrification des cendres fines au fond sous forme de granulés, pour des conditions opératoires :

_ La température: 1300-1500°C

_ Pression: 0,5-1,6 MPa.

Annexe 21 : Gazéifieur Shell à lit entraîné

Le procédé Shell de gazéification du charbon utilise le soufflage de l'oxygène pour l'établissement d'un lit entraîné de matière sèche. La pression de gazéification peut être supérieure à 50 bars.

La matière brute est pulvérisée (90 %, < 100 mm) et séchée après être transportée pneumatiquement par de l'azote. La réaction à lieu dans une gamme de température de 1300 – 1400 °C. Les cendres fondues coulent vers le bas du réacteur dans un réservoir d'eau où elles sont éteintes.

Annexe 22 : Technologie de gazéification Noell

Le procédé Noell est à lit entraîné. Les réactifs alimentés par la partie haute du gazéifieur sont convertis par une réaction de flamme. Le rapport oxygène/combustible est équilibré pour maintenir la température de gazéification au niveau où les matières organiques sont fondues (1600-1800 °C). Le procédé de conversion Noell peut inclure un four pyrolyse rotatif en amont du gazéifieur à lit entraîné.

Annexe 23 : Technologie Lurgi MPG

Le procédé de gazéification Lurgi MPG est un gazéifieur vertical à lit entraîné pour le traitement de certaines matières brutes.

Les matières de base entrent dans le réacteur par-dessus à travers un brûleur. L'oxygène est mélangé à la vapeur comme un modérateur avant d'alimenter le brûleur. Selon la composition en matière de base, l'oxydant et la température de gazéification, le gaz de synthèse brut (H_2, CO) contient un peu de carbone non converti, comme les cendres.

Les températures variant entre 1200 °C et 1450 °C, et Les pressions entre 30bars et 75 bars. Comme agent de gazéification, ce gazéifieur peut utiliser la vapeur d'eau et/ou le dioxyde de carbone.

Annexe 24 : Pyro-Gazéifieur Pit-Pyroflam (Sanifa/Suez).

Le procédé Pit-Pyroflam pour la gazéification atmosphérique des déchets est basé sur l'utilisation d'un four rotatif horizontal légèrement incliné, divisé en deux zones, fonctionnant à contre courant entre la charge et les gaz de pyro-gazéification.

Une vis d'alimentation introduit les déchets qui entrent dans la première zone où le séchage et la pyrolyse endothermique de la charge sont réalisés par le courant des gaz chauds (600 – 700°C) générés dans la seconde zone. Le temps de séjour des solides dans la première zone est de l'ordre de 45 mn.

L'air est introduit par un distributeur tronconique dans deuxième zone, pour la génération de la chaleur interne et les réactions de gazéification dans une gamme de température de 750 – 850 °C. Le carbone résiduel étant complètement gazéifié à la sortie de cette zone, après 40 mn de temps de séjour, les cendres sont alors évacuées.

Annexe 25 : Procédé Compact Power

Les composant principaux du procédé de pyro-gazéification « Compact Power » sont :

- Un pyrolyseur se composant de deux pyrolyseurs, à vis, horizontaux tubulaires, 500 kg /h chacun, avec le chauffage externe par les gaz chauds (800 °C) provenant de la chambre de combustion des gaz produit dans des conditions à défaut d'oxygène.

- Une chambre de gazéification atmosphérique verticale, dans laquelle le charbon est produit par le pyrolyseur est introduit, avec air-vapeur d'eau comme agent gazéifiant.

Le gaz produit est cycloné et brûlé dans une chambre de combustion. Une partie des gaz chauds issus de la chambre de combustion sert à effectuer l'apport endothermique à la pyrolyse (chauffage indirect des pyrolyseurs à vis), le gaz excédentaire destiné à une valorisation thermique.

Annexe 26 : Procédé Thermoselect

Les composants principaux du procédé Thermoselect sont :

- Un canal de dégazéification horizontal, Chauffé de l'extérieur, où les déchets subissent un compactage à 20% de son volume original et subissent également un séchage et pyrolyse à basse température.

- Une chambre de gazéification/vitrification verticale, à haute température, où le charbon fournit, en continu, par le pyrolyseur est gazéifié par injection d'oxygène pur (400 kg/t de produit cru a base sèche), les minéraux sont vitrifiés (200 °C) et récupérés au fond de la chambre, le gaz produit est récupéré dans la partie supérieure à 1000-1200°C.

Annexe 27 : Procédé Carbo V (Choren)

Le procédé Carbo-V est basé sur la gazéification à double étage Pyro-Gazéification :

- Pyrolyseur à basse température,
- Gazéifieur à lit entraîné à haute température.

Ce procédé permet au gaz produit, libre de goudrons, d'être obtenu sans aucun prétraitement catalytique et avec un grand résultat comparé à la technologie courante. Ce procédé utilise un gazéifieur à lit fixe où a lieu quatre processus : séchage, carbonisation à basse température, gazéification et combustion des cokes résiduelles.

Les matières à traiter sont décomposées par oxydation partielle à une température variant entre 400 et 500 °C, afin d'obtenir des composants volatils qui sont gazéifiés à une température de 1200 à 1600 °C.

Annexe 28 : Procédé FICFB - Babcock Borsig

Le procédé de gazéification FICB « Fast Internally Circulaying Bed gasifier », développé par l'Université Technique de Vienne et AE Energietechnik, est basé sur une gazéification à chambres séparées.

La réaction de gazéification à lieu en lit fluidisé dense par action de la vapeur d'eau. L'apport endothermique de la réaction de gazéification est assuré par la circulation du sable chaud issu d'un lit fluidisé circulant adjacent où à lieu la combustion du résidu carboné issu de la chambre de gazéification. Les fumées de combustion de cette chambre sont alors évacuées dans un circuit indépendant. Dans ces conditions, les gaz obtenus par gazéification à la vapeur d'eau ont un pouvoir calorifique élevé qui peut atteindre 12000 kJ/Nm_3.

Annexe 29 : Procédé PKA

Le procédé PKA est basé sur une gazéification à double étage : un premier étage de pyrolyse à basse température, dans un tambour tournant à double enveloppe et un deuxième étage où est effectuée la gazéification dans deux chambres séparées :

- Une chambre de craquage des gaz de pyrolyse, fonctionnant à 1000 °C

- Une chambre de gazéification à l'oxygène à haute température (1500°C) ou est effectuée la gazéification du résidu carboné issu de l'étape de pyrolyse ainsi que la fusion des cendres.

Les gaz issus de ces deux chambres sont dirigés vers un traitement des gaz puis dirigés vers une valorisation thermique. Une proportion de ce gaz sert à l'alimentation de la double enveloppe du pyrolyseur.

Annexe 30 : Dossier technique

Étude et conception d'un réacteur de pyro-gazéification étagé | 2013

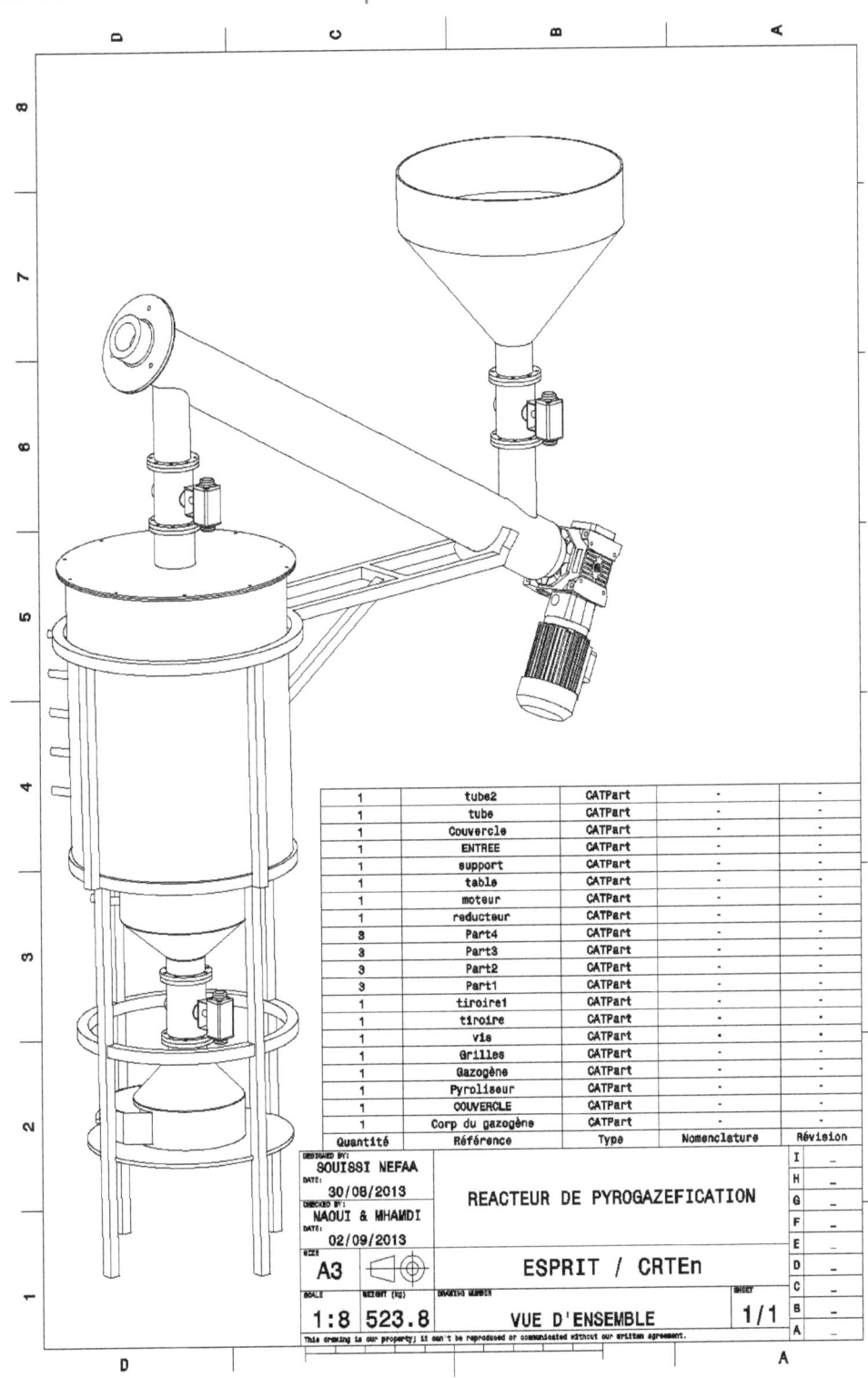

Définitions

Analyse du cycle de vie (ACV)

L'ACV permet de quantifier les impacts d'un « produit » (qu'il s'agisse d'un bien, d'un service voire d'un procédé), depuis l'extraction des matières premières qui le composent jusqu'à son élimination en fin de vie, en passant par les phases de distribution et d'utilisation, soit « du berceau à la tombe ». En pratique, les flux de matières et d'énergies entrants et sortants à chaque étape du cycle de vie sont inventoriés puis on procède à une évaluation des impacts environnementaux à partir de ces données grâce à des coefficients préétablis permettant de calculer la contribution de chaque flux aux divers impacts environnementaux étudiés.

Biogaz

Le biogaz est le gaz produit par la fermentation de matières organiques animales ou végétales en l'absence d'oxygène. Cette fermentation (décomposition organique) appelée aussi méthanisation se produit naturellement (dans les marais) ou spontanément dans les décharges contenant des déchets organiques, mais on peut aussi la provoquer artificiellement dans des digesteurs (pour traiter des boues d'épuration, des déchets organiques industriels ou agricoles, etc.). Le biogaz est un mélange composé essentiellement de méthane (typiquement 50 à 70%) et de gaz carbonique, avec des quantités variables d'eau, d'hydrogène sulfuré (H_2S). On peut trouver d'autres composés provenant de contaminations, en particulier dans les biogaz de décharges.

L'énergie du biogaz provient uniquement du méthane et devient la forme renouvelable de l'énergie fossile très courante qu'est le gaz naturel. Le biogaz est souvent appelé biométhane lorsque utilisé comme biocarburant pour les moteurs.

Biomasse

La biomasse est l'ensemble de la matière organique d'origine végétale ou animale. Cette matière peut être valorisée de différentes manières : industrielle (bois de construction, papier, chimie végétale…), énergétique (chaleur, électricité, carburant,…), alimentaire et esthétique ou « simplement » participer à l'équilibre écologique. La biomasse considérée à des fins énergétiques englobe des végétaux provenant des cultures et des déchets. Les cultures énergétiques recouvrent des plantes très diverses telles que les oléagineux, les graminées comme le maïs et la canne à sucre (plantes riches en carbone), le bois… Les déchets peuvent être solides (industriels, agricoles ou ménagers) ou liquides (eaux usées, déjections animales).

Biosolide

Produit organique obtenu après le traitement physico-chimique ou biologique des eaux usées (BNQ, 2002). Syn. : boue d'épuration.

Les biosolides proviennent du traitement primaire des eaux usées (biosolides primaires), ou du traitement secondaire (biosolides secondaires), et sont souvent combinés ensemble (biosolides mixtes). Ces biosolides peuvent provenir du traitement d'eaux usées municipales ou industrielles. Ils sont utilisés comme amendements organiques des sols ou comme source d'éléments fertilisants (engrais).

Boue d'épuration

Résidus obtenus après traitement d'effluents dans une installation prévue à cet effet (station d'épuration). Les caractéristiques des boues sont extrêmement variables d'une source à l'autre. Elles dépendent de la nature des effluents et du type de traitement appliqué (voir Biosolide).

Chimie de synthèse

Une synthèse chimique est un enchaînement de réactions chimiques mis en œuvre pour l'obtention d'un ou de plusieurs produits finaux, parfois avec l'isolation de composés intermédiaires. Réaliser la synthèse d'un composé chimique, c'est obtenir ce composé chimique à partir d'autres composés chimiques grâce à des réactions chimiques.

Collecte

L'action de prendre ou de ramasser des matières résiduelles, comme des ordures ménagères, des matières recyclables, des matières organiques ou tout autre type de matières résiduelles, déposées près de l'endroit où elles ont été produites ou entreposées, ou encore dans un lieu pour apport volontaire prévu à cette fin, de les charger dans un véhicule et de les transporter vers un lieu de transbordement, de recyclage, de *valorisation* ou d'*élimination*.

Compost

Matériau obtenu suite à la décomposition de matières organiques par l'action de microorganismes, en présence d'oxygène, et ayant atteint une stabilisation plus ou moins avancée. De couleur brun foncé, le compost a l'apparence d'un terreau.

Compostage
L'ensemble des actions nécessaires pour la décomposition biochimique de matières organiques par l'action de microorganismes, en présence d'oxygène, pour produire du compost.

Coke
Composé dérivé du charbon.

Craquage (ou crackage)
Procédé thermique ou catalytique de traitement des hydrocarbures pour réduire la longueur des chaînes moléculaires afin de les transformer en produits plus courts et légers.

Digesteur
Nom donné au réacteur chimique où se déroule la fermentation des déchets à forte teneur en matière organique.

Ce réacteur est composé d'une cuve cylindrique étanche au gaz et isolée thermiquement.

Digestion anaérobie (ou Méthanisation) L'ensemble des actions nécessaires pour la décomposition biochimique de matières organiques par l'action de microorganismes, en absence d'oxygène, pour produire un biogaz, composé principalement de méthane (CH_4), et un digestat.

Élimination
Toute opération visant le dépôt ou le rejet définitif de matières résiduelles dans l'environnement, notamment par mise en décharge, stockage ou incinération, y compris les opérations de traitement ou de transfert de matières résiduelles effectuées en vue de leur élimination.

Enfouissement
S'entend du dépôt définitif de matières résiduelles sur ou dans le sol.

Gazéification
Procédé de traitement thermique de matières résiduelles, avec apport contrôlé d'oxygène, utilisant ou non une ou des torches à *plasma* comme méthode de chauffage des matières résiduelles, et produisant un gaz souvent appelé « syngaz », composé entre autres de molécules simples comme de l'hydrogène (H_2), du monoxyde de carbone (CO) et du méthane (CH_4).

GES (Gaz à effet de serre)

Les gaz à effet de serre (GES) sont des gaz qui contribuent par leurs propriétés physiques à l'effet de serre. L'augmentation de leur concentration dans l'atmosphère terrestre est à l'origine du réchauffement climatique. Liste des principaux GES : vapeur d'eau (H_2O), dioxyde carbone (CO_2), méthane (CH_4), protoxyde d'azote (N_2O), ozone (O_3) chlorofluorocarbone (CFC)…

GNL

Gaz naturel liquéfié, composé essentiellement de méthane, condensé à l'état liquide (réduction du volume original d'environ 1/600).

Ce gaz est refroidi à une température d'environ -161 °C à la pression atmosphérique, il prend la forme d'un liquide clair, transparent, inodore, non corrosif et non toxique. Le GNL est environ deux fois plus léger que l'eau.

Incinération

Procédé de traitement thermique (combustion) des matières résiduelles avec apport d'oxygène.

Matières résiduelles

Tout résidu d'un processus de production, de transformation ou d'utilisation, toute substance, matériau ou produit ou plus généralement tout bien meuble abandonné ou que le détenteur destine à l'abandon

Méthane

Premier des hydrocarbures, le méthane (CH_4) est un GES puissant (21 fois le CO_2) mais aussi un gaz à fort pouvoir calorifique. Le méthane est le composant principal du gaz naturel. C'est le principal constituant du biogaz issu de la fermentation de matières organiques animales ou végétales en l'absence d'oxygène.

Méthanisation

Voir Digestion anaérobie.

Plasma

Le plasma est considéré comme le quatrième état de la matière, les trois autres étant les états gazeux, liquide et solide. Cet état est obtenu par des températures et pressions importantes, des conditions suffisantes pour créer un milieu partiellement ou totalement ionisé.

Pouvoir calorifique (PCI)

Le pouvoir calorifique ou chaleur de combustion d'un matériau combustible est l'enthalpie de réaction de combustion par unité de masse. C'est l'énergie dégagée sous forme de chaleur par la réaction de combustion par l'oxygène (autrement dit la quantité de chaleur).

Pyrolyse (Thermolyse)

Procédé de traitement thermique de matières résiduelles, avec apport faible ou nul en oxygène, utilisant ou non une ou des torches à plasma comme méthode de chauffage des matières résiduelles, et produisant principalement un gaz combustible (gaz synthétique), et pouvant produire aussi un condensat sous forme de goudron liquide combustible (huile synthétique), de même que des résidus solides combustibles riches en carbone s'apparentant à un charbon de qualité médiocre, contenant des cendres et des matières minérales qui n'ont pas été détruites par la chaleur du four (métaux ferreux et non ferreux, inertes ou infusibles, verre, céramique, cailloux et al).

Pyrolyser

Décomposer chimiquement par la chaleur.

Syngaz

Le terme de Syngaz englobe tous les carburants synthétiques. Le gaz biogène se dissocie en monoxyde de carbone (CO) et en hydrogène (H_2), qui se combinent en chaînes d'hydrocarbures à travers la synthèse de Fischer–Tropsch. Un enrichissement d'hydrogène permet d'obtenir un carburant adapté de manière optimale au moteur. Les carburants synthétiques peuvent se substituer à l'essence et au diesel, mais aussi au gaz naturel.

Traitement biologique

Procédé de traitement de matières résiduelles faisant appel à des microorganismes qui décomposent les matières organiques. De façon générale, et sans en limiter la portée, le compostage et la digestion anaérobie (méthanisation) sont des procédés de traitement biologique.

Traitement de matières résiduelles

Action de recevoir et de traiter les matières résiduelles de façon à obtenir un produit utile comme du compost, du biogaz, de la vapeur, de l'énergie électrique, du gaz synthétique ou tout autre combustible. De façon générale et sans en limiter la portée, les traitements biologiques et les traitements thermiques de même que les traitements mécaniques sont des modes de traitement des matières résiduelles.

Traitement thermique

Procédé de traitement de matières résiduelles faisant appel à de la chaleur fournie par un combustible d'appoint ou par l'autocombustion des matières résiduelles, avec ou sans apport d'oxygène, qui décompose les matières résiduelles. De façon générale, et sans en limiter la portée, la combustion (incinération), la gazéification et la pyrolyse (thermolyse) sont des procédés de traitement thermiques ainsi que les procédés faisant appel à la fois à un seul ou plusieurs procédés de traitement thermiques.

Valorisation

Toute opération visant par le réemploi, le recyclage, le compostage, la régénération ou par tout autre action qui ne constitue pas de l'élimination, à obtenir à partir de matières résiduelles des éléments ou des produits utiles ou de l'énergie.

Valorisation de la biomasse

La biomasse n'est considérée comme une source d'énergie renouvelable que si elle se régénère dans les mêmes proportions qu'elle est utilisée. La valorisation énergétique de la biomasse conduit à trois formes d'énergie utile, en fonction du type de biomasse et des techniques mises en œuvre : la chaleur, l'électricité (ou les deux combinées en cas de cogénération) ainsi que la force motrice de déplacement (les biocarburants). Les différents types de biomasse présentent des caractéristiques physiques très variées : solide (paille, copeaux, bûches), liquide (huiles végétales, bioalcohol), gazeux (biogaz). L'humidité est déterminante pour le choix de la filière de conversion énergétique, à un point tel que, à côté de la valorisation sous forme de biocarburants, on distingue deux filières principales de valorisation énergétique de la biomasse: la voie sèche (traitement thermique) et la voie humide (traitement biologique).

I want morebooks!

Buy your books fast and straightforward online - at one of world's fastest growing online book stores! Environmentally sound due to Print-on-Demand technologies.

Buy your books online at
www.morebooks.shop

Achetez vos livres en ligne, vite et bien, sur l'une des librairies en ligne les plus performantes au monde!
En protégeant nos ressources et notre environnement grâce à l'impression à la demande.

La librairie en ligne pour acheter plus vite
www.morebooks.shop

KS OmniScriptum Publishing
Brivibas gatve 197
LV-1039 Riga, Latvia
Telefax: +371 686 204 55

info@omniscriptum.com
www.omniscriptum.com

Printed by Books on Demand GmbH, Norderstedt / Germany